**Pistas falsas**

**OS LIVROS DO OBSERVATÓRIO** *formam uma coleção voltada para a reflexão sobre as tendências da cultura e da política cultural no Brasil e no mundo. Numa época em que as inovações tecnológicas reelaboram com crescente rapidez o sentido da cultura, uma investigação ampla sobre os velhos e novos conceitos em uso nesse campo é a condição necessária para a formulação de políticas de fato capazes de contribuir para o desenvolvimento humano, muito além do desenvolvimento apenas econômico.*

# PISTAS FALSAS
Uma ficção antropológica

## Néstor García Canclini

TRADUÇÃO
Maria Paula Gurgel Ribeiro

Coleção *Os Livros do Observatório*
dirigida por Teixeira Coelho

*Copyright* © Teixeira Coelho

*Publicado por* Itaú Cultural
e Editora Iluminuras
*Copyright* © 2020

*Projeto gráfico*
Eder Cardoso | Iluminuras

*Capa*
Michaella Pivetti

*Imagem de capa*
Regina Silveira, *Cascata*, 2020
Original é impressão digital sobre vinil adesivo.
Exibido na exposição *Limiares*, Paço das Artes,
São Paulo. Foto: Bruna Goldberger

*Preparação*
Jane Pessoa

*Revisão*
Monika Vibeskaia
Bruno D' Abruzzo

**Equipe Itaú Cultural**
*Presidente*
Alfredo Setúbal

*Diretor*
Eduardo Saron

**Núcleo Observatório**
*Gerente*
Marcos Cuzziol

*Coordenador*
Luciana Modé

*Produção*
Andréia Briene

Memória e Pesquisa | Itaú Cultural

Canclini, Néstor García.
     Pistas falsas: uma ficção antropológica / Néstor García Canclini; tradução Maria Paula Gurgel Ribeiro. - São Paulo : Itaú Cultural : Iluminuras, 2020.
     140 p.: il.

ISBN 978-85-7321-626-4 (Iluminuras)
ISBN 978-85-7979-129-1 (Itaú Cultural)

     1. Sociologia. 2. Diversidade identitária. 3. Tecnologia. 4. Políticas culturais. 5. Ficção.
I. Instituto Itaú Cultural. II. Título.

CDD 305.8

Bibliotecário Jonathan de Brito Faria CRB-8/8697

**2020**
**EDITORA ILUMINURAS LTDA.**
Rua Inácio Pereira da Rocha, 389 - 05432-011 - São Paulo - SP - Brasil
Tel./Fax: 55 11 3031-6161
iluminuras@iluminuras.com.br
www.iluminuras.com.br

O Itaú Cultural (IC), em 2019, passou a integrar a Fundação Itaú para Educação e Cultura com o objetivo de garantir ainda mais perenidade e o legado de suas ações no mundo da cultura, ampliando e fortalecendo seu propósito de inspirar o poder criativo para a transformação das pessoas.

# SUMÁRIO

## Pistas falsas — 9

*Pressentimentos do que pode acontecer*, 13
*A mudança de Hitler*, 17
*Aproximar-se*, 25
*Visita não guiada*, 27
*Dissidências no supermercado*, 31
*Leitores póstumos*, 35
*Do diário de campo, 1*, 45
*Subornos*, 47
*Diário de campo, 2*, 55
*Cidades densas*, 57
*Diário de campo, 3*, 71
*A China não conhece a épica*, 75
*Aldeiasabandonadas.com*, 81
*Diário de campo, 4*, 91
*Falei demais?*, 95
*Monotonia do mal*, 99
*Nemtudocheiramalnadinamarca*, 111
*Modos de ficar*, 117
*Diário de campo, 5*, 119
*Per-versões*, 121
*Agradecimentos*, 131

# PISTAS FALSAS
Uma ficção antropológica

*Para Ana*

# PRESSENTIMENTOS DO QUE PODE ACONTECER

Goya viu Hitler antes que Hitler visse Goya. Ao ler essa frase de Michael Nyman, o arqueólogo chinês sentiu que uma fantasia insinuada nos últimos anos tomava forma. Em outros tempos, ficaria pensando nesse paradoxo, ou procuraria averiguar quem era Nyman. No verão de 2029, cansado de trabalhar em escavações em seu país para extrair livros de contabilidade e relatórios sobre catástrofes ecológicas escondidos por empresas fraudulentas, decidiu retomar seus estudos de espanhol no Instituto Cervantes e viajar para a América Latina.

Havia aprendido a língua porque sentia atração pelos escritores argentinos e mexicanos. Agora queria trabalhar nesses países. Intrigavam-no os relatos sobre banqueiros e donos de imobiliárias chinesas fugidos para o Ocidente a fim de escapar da perseguição judicial. Também as centenas de milhares de empregados das empresas quebradas que migravam para cidades europeias e latino-americanas. Em seus e-mails, descreviam mudanças bruscas nas quais parecia ter se esgotado algo que já não chamavam de modernidade nem de globalização, mas ele não entendia o que era. Como havia se dado a mutação de partidos políticos em corporações teatrais, nas quais sobreviviam, como ficção, os debates parlamentares e as polêmicas ideológicas? Por que a contaminação nas metrópoles latino-americanas superava os índices de outras regiões e a violência fazia com que morressem mais jovens que adultos?

Tinha que se apressar, porque muita informação fora perdida nas primeiras décadas do século XXI. Os arquivos iam desaparecendo em porões inundados, e era difícil fazer arqueologia rastreando evidências isoladas. Restaram alguns anuários estatísticos e pesquisas de consumo em lares, quase nenhum relatório em que titubeasse a vida cotidiana. As velhas etnografias haviam sido gravadas em DVD e em programas informáticos descontinuados. Como as políticas de arquivo mudavam com as inovações tecnológicas que ocorriam em anos ímpares e as mudanças de governo não coincidiam, a maioria dos documentos dormia em formatos desativados. Os vídeos e as fotos comprados pelo Instituto de Estudos Ibero-Americanos de Xangai, salvos do abandono quando foram fechando os departamentos de patrimônio e os museus latino-americanos, não eram suficientes para compreender como ressoava o desmoronamento das utopias na vida ordinária.

Imaginava que iria desenvolver sua postergada inclinação para a antropologia, alcançar uma visão mais íntima de culturas distantes que o teatro construído com pedras, ossos e estuques. Com certeza fuçaria nas ruínas, mas sobretudo queria falar com os ex-funcionários e os antigos visitantes, conhecer a desordem das metrópoles e o que a internet havia feito em povos com histórias democráticas.

Escolhera ir para a América Latina não só atraído pela literatura e pelo que suspeitava de suas cidades. Também porque os pedaços de informação que lhe chegaram ao trabalhar uns meses nos serviços secretos chineses lhe sugeriam menos transtornos futuros nessa região. Dentro do que alguns chamavam de "a geografia da paranoia", supunha-se que as guerras físicas, com bombardeios e populações arrasadas, iriam se reduzir aos poucos, e os ataques entre superpotências seriam feitos usando bombas lógicas, como havia ocorrido em 2022 quando a Coreia do Norte, talvez aliada com o governo chinês, imobilizou o tráfego em Los Angeles durante quarenta e oito horas e por quase uma semana o metrô de Paris. O uso de ciber-recursos e bactérias, pelos terroristas islâmicos, se dirigia contra os Estados Unidos e a Europa, não contra a Argentina ou o Peru, onde as comunidades asiáticas e árabes cresciam sem maiores conflitos. Faltavam-lhe dados para antecipar, mas entre todas as ameaças, as mais leves estavam no Sul.

Abatido pelas revelações sobre corrupção na China e por seu eclipse em túneis burocráticos, ao escrever o projeto para a bolsa se centrou nas mudanças da cultura institucional e cotidiana no início do século XXI. Confiava que a autonomia da arte, da literatura e da internet na América Latina, incomparável com a da China, reanimaria seu trabalho. Os amigos sul-americanos que viviam em Xangai ou Beijing, no entanto, relatavam-lhe peripécias atuais em seus países com tanta distância como se falassem dos processos de independência do século XIX.

— São países sem futuro. Venderam tudo para empresas chinesas, estadunidenses e canadenses, e quando os minerais e a água acabarem, as empresas irão embora.

Não aceitava esse fatalismo. Não correspondia com o que estava conhecendo de literatura e cinema argentino, brasileiro ou mexicano. Além disso, não era parte do que o incomodava na China, que fosse um império com futuro demais?

Entendia mais a desilusão política na Europa pelo avanço fascista na Áustria, na França, na Grécia, na Hungria e na Polônia. Onde não? Se lhe falavam da degradação urbana na América Latina, pensava que não eram menores o delírio do tráfico e as doenças por contaminação nas cidades do Leste chinês.

Preparou uma primeira viagem para a Argentina. Decidiria se ali iria ficar.

# A MUDANÇA DE HITLER

Ao chegar a Buenos Aires no início de 2030, foi recebendo evidências longínquas do que havia imaginado com base em livros e filmes. Não era a primeira vez que fabricava a imagem de uma cidade com o que havia visto nas telas e, ao visitá-las, aquelas paisagens que haviam sido sua memória de Nova York ou Singapura antes de conhecê-las se desfaziam. Agora era diferente: embora encontrasse na estação de trens de Retiro a arquitetura de ferro e nas ruas próximas ao Luna Park imagens reconhecíveis do que viu em filmes históricos, os movimentos dos caminhantes e dos carros se faziam sentir, ainda confusamente, como uma armadilha. Não a diferença entre uma cidade local e um visitante desterrado, mas sim que alguma coisa havia se descolocado para sempre.

Agora que ia para a região do Jardim Botânico, as casas de arquitetura francesa e os altos edifícios de apartamentos evocavam elegância, em que pese suas paredes descascadas, os quiosques de massagens na rua e também altares com virgens regionais, refúgios de *homeless* rodeados de gatos, esquilos e raposas amestradas.

Tinha um encontro marcado com o dr. Pepe Barenboim, historiador da cultura, filho do músico Daniel, que havia criado, com Edward Said, a orquestra West Eastern Divan para reunir músicos palestinos, árabes e israelenses. Primeiro a instalaram em Sevilha; o governo alemão conseguiu para eles a sede para uma academia em Berlim, deram concertos em Marrocos, Rabat, Ramala, uma centena de cidades multiculturais, e em 2024, pouco antes de morrer, Daniel Barenboim inaugurou um Centro de Estudos Musicais Leste-Oeste na Argentina, seu país de origem.

Três dias antes, Pepe lhe havia dado o endereço do edifício com todas as indicações: suba até o décimo sétimo andar, ao sair do elevador pegue o corredor da direita e vá até o fundo, você vai ver uma porta azul com o nome do Centro. Na entrada, teve que se identificar registrando seus polegares e a íris dos olhos. Ao dizer que ia ao décimo sétimo andar, lhe explicaram que o Centro e outros escritórios culturais tinham mudado para o vigésimo segundo andar.

— Tem que subir ao décimo oitavo, anunciar-se e depois seguir pelas escadas rolantes, se estiverem funcionando. Senão, suba pelas outras.

Olhou as paredes de mármore preto e verde, estranhou não ver nenhum cartaz ou painel que identificasse o que havia em cada andar. Se lhe disseram que os escritórios culturais estavam no vigésimo segundo, o resto não era do Ministério da Cultura.

Quando chegou ao Centro, notou que o escritório era pequeno e precário, com caixas empilhadas como depois de qualquer mudança, mas não via espaço para instalar quase nada. Ao fundo viu Barenboim, que logo em seguida chegou para recebê-lo.

— Que bom vê-lo. Que tal Buenos Aires? Desculpe a desordem, mas acabam de nos encostar nessas duas salinhas. Realocaram neste andar a área de turismo de uma empresa mineradora, e nós, da música, estamos aqui. Sabe que assim como os políticos deixaram de habitar edifícios públicos e governam a partir de sedes corporativas, os funcionários culturais despachamos nos departamentos de turismo de empresas transnacionais.

"Depois da venda de parques e monumentos históricos para pagar a dívida, vários países latino-americanos leiloaram os edifícios dos ministérios e parlamentos. Os ministérios da Agricultura começaram a operar a partir dos porões da Monsanto, os de Energia a partir da Shell, e os da Economia nos escritórios do J.P. Morgan."

— Cheguei há três dias e estou seduzido e desconcertado com a cidade — disse o arqueólogo, enquanto seu olhar ia, sem intenção de mostrar, na direção dos animais, nem todos domésticos, que pulavam das vigas internas do teto.

— Sim — respondeu Pepe. — Esta é justamente uma das regiões mais mudadas. Antes o zoológico ficava aqui, a duas quadras. O Jardim Botânico sempre foi o principal lar de gatos de Buenos Aires, mas ao fechar o zoológico (com a desculpa de soltar os animais) fizeram um ecoparque e já não se soube mais deles. A televisão e as redes ecologistas comprovaram que os tigres, as raposas e outras feras não se adaptavam às jaulas dispersas em várias cidades, quiseram trazê-los de volta para desentristecê-los e os soltaram com a ilusão de afugentar os *homeless*

donos das ruas que iam acabando com os gatos, ao cozinhá-los. Essa era a intenção de uma associação de vizinhos chamada Sensíveis de Palermo. Mas os sem-teto treinaram diversos animais para armar uma exposição circense, que cresceu quando a crise agrícola levou ao fechamento da Rural.[1] Os vizinhos que continuam morando aqui foram se acostumando ou se resignando, mas não é fácil para as nossas orquestras ensaiar entre os gritos de feras.

— Vi serpentes emplumadas subindo nas árvores.

— São dos imigrantes mexicanos.

---

[1] Principal centro de feiras, exposições e eventos de Buenos Aires. (N. T.)

— E muita gente colocando flores e depositando frascos com remédios, gesso de pernas e muletas nos altares de virgens e santos. Alguns chegavam em cadeiras de rodas e motoambulâncias. Hoje é um feriado especial?

— Não, é assim todos os dias. À devoção pelos santos populares se acrescentam as divindades trazidas pelos imigrantes das províncias, da Bolívia, da Coreia e da China. Em outros bairros de Buenos Aires podem-se ver mais altares ainda, e mudaram os nomes das ruas: apagaram alguns próceres e agora se chamam Defunta Correa, Gauchito Gil, Orixá ou Dangun.

— Também me impressionou que a metade dos *homeless* é de jovens, com menos de trinta e cinco anos, vestidos com roupas de bom design maltrapilhas, como se tivessem estado várias noites em festas violentas.

— São universitários que vivem nas ruas próximas a Tecnópolis, esperançosos de algum dia entrar para provar suas destrezas digitais nos sorteios de contratos para empregos que duram cinco semanas por ano.

— Meu interesse é lhe perguntar sobre suas experiências com as orquestras interculturais. Posso gravar o que falarmos?

— Claro, vá em frente.

Contou-lhe sobre os concertos nas fronteiras de todos os continentes, sobre as oficinas e as bolsas para que trabalhem juntos jovens de países em confronto.

— Até na China nós conseguimos. Na Andaluzia e em Berlim é onde melhor nos recebem, mas em outros lugares nem sequer aceitam que árabes e israelenses compartilhemos as partituras. Em Israel nos perseguiram, mais ainda desde que se conseguiu estabelecer o Estado Palestino. Pior que a resistência de muitos governos, é a agressão de enormes comunidades xenófobas.

— Me conta. Como explicam isso?

— Hitler está na sociedade. Não olhe só os governos; a grande guinada está nas populações que votam neles há décadas — disse-lhe o historiador.

Como isso não explicava a frase do historiador sobre Hitler, o arqueólogo lhe pediu que a esclarecesse.

— Sim, a figura do líder já não alude a um caudilho duradouro, nem é simplesmente substituída por marcas de corporações. Os chefes ainda importam nos discursos e nas reverências, mas a política se organiza a partir das empresas e a vida social a partir da paralegalidade: você precisa subornar para que te autorizem a construir uma casa, abrir uma loja ou vender alimentos numa esquina, para que te consigam órgãos para um transplante ou reposições para os instrumentos musicais. Você conhece alguma atividade que não seja feita à margem das leis, com cumplicidade de políticos, policiais e investidores que lavam dinheiro? Até no seu país eu vi isso.

— Mas paralegalidade não é a mesma coisa que terror. Não é excessivo dizer que Hitler é a sociedade?

— Não digo que seja a sociedade; se transmutou na vida comum. E não estou falando dos milhões de exemplares vendidos de *Minha luta* ou dos filmes e séries que desculpam o Holocausto. Penso em outras confusões. Os esquartejamentos e os desaparecimentos costumam começar com arranjos informais, propinas para acelerar um trâmite ou evitar uma multa por passar no sinal vermelho. No México são chamadas de mordidas. Quando alguém quer dar uma de elegante, diz: "Posso lhe dar uma gratificação". Mudam os nomes e as doses de simulação, mas desde que se tornou impune, se estende a todos os países. Em grandes territórios, controlados por máfias, existem fornos para sintetizar drogas que também são usados para fazer desaparecer cadáveres, serras para desmatar bosques, que, além disso, amputam os corpos. Aqueles que manejam as máquinas da crueldade financiam campanhas eleitorais de quase todos os partidos. Já sei que nem todos somos assim. Alguns evitam a corrupção, uns poucos trabalham pelos direitos da vida, familiares dos desaparecidos e antropólogos forenses destampam fossas, mas a maioria das pessoas vota em políticos criminosos.

— De qualquer maneira, o terror não está generalizado como o que levou Hannah Arendt a descrevê-lo como a banalidade do mal.

— Sim e não. Arendt se centrou no Holocausto, no totalitarismo atroz, que hoje se estende não tanto a partir do poder estatal quanto nas relações sociais ordinárias, na indiferença à lei como expressão do que podemos ter em comum. É equivalente ao que ela denominava banal: transformar os humanos em seres supérfluos. Não é essa incapacidade de se colocar no lugar do outro, reconhecê-lo como semelhante, o que nutre as guerras na Síria e no Iraque, entre máfias brasileiras, mexicanas e peruanas, entre Israel e a Palestina, entre torcidas de futebol, ou na fronteira forçada entre os Estados Unidos e a América Latina?

— Concordo que não reconhecer a dignidade dos outros é uma questão-chave. Li, uns dias atrás, num dos últimos escritos de Paul Ricoeur, que existem muitas teorias do conhecimento, mas nenhuma do reconhecimento, nenhum livro sobre o assunto com boa reputação filosófica. No entanto, milhões de pessoas que usam vias ilegais para resolver assuntos cotidianos não massacram.

O arqueólogo se sentiu incomodado ao ter que dizer ao historiador, justo quando tocavam na indiferença para com o outro, que estava ficando tarde para um encontro. Ficaram de voltar a se ver.

Saiu para a rua e olhou de outro modo para aqueles que faziam fila para os sorteios, aqueles que continuavam recostados nas paredes ou começavam a se refugiar da noite, com seus cobertores, nos caixas eletrônicos dos bancos. Os poucos dados que Barenboim lhe deu lhe permitiam passar da surpresa folclórica a perguntas sobre a mistura de imagens religiosas e astúcias para sobreviver que cada grupo tramava nesses espaços precários. Entre os que haviam ficado ali desde muito tempo e já tinham amizade com essa rua, apressavam-se os que a essa hora do dia voltavam para algum lugar. Lembrou-se daquele personagem de Arnaldo Calveyra a quem a morte vai se cansando de lhe dar alta.

# APROXIMAR-SE

Caminhar por Buenos Aires lhe causava uma euforia vacilante. Uma rajada vinha de reconhecer lugares lidos em contos e romances. A igreja do bairro de Flores, onde o personagem de Fogwill se intranquilizava por nunca poder saber qual era o padre com quem se confessava. Viu um restaurante Guido's e se perguntou se seria o mesmo no qual a protagonista de Pola Oloixarac passeava seu "esqueleto impecável e pensativo", aproximava-se de Collazo com sua boca ortodoxa e vermelha, "cruzamento de estética feminina e desfile militar".

Estava longe de cair nos trajetos de Gombrowicz, na cartografia de Adán Buenosayres, na casa que as agências de turismo videoliterário atribuíam a Carlos Argentino Daneri. Seu lado arqueólogo perseguia de outro modo a memória dessas ficções, olhava tudo espreitando signos. O que acreditava encontrar não eram lugares de uma lista, mas sinais diferentes dos desejos que o afastaram da China. Os escritores que o haviam trazido até aqui às vezes eram sons, frases que nem sempre aludiam a espaços da cidade, como as de Pizarnik que lembra a menina perdida, canta imbuída de morte ao sol de sua ebriedade, e essa "voz corrói a distância que se abre entre a sede e a mão que procura o copo". Seria isso o exílio ou outro modo de fazer arqueologia?

Havia se proposto a não ler notícias da China. Mas chegavam à sua rede sociotécnica entre novidades e perguntas de seus amigos, ansiosos por saber como ele estava. Passavam-lhe o que lhes havia acontecido na terça-feira ou no fim de semana quando a circulação de motos e carros foi suspensa em toda Beijing. Deixava, durante dez dias, que se acumulassem os e-mails sem respondê-los, com a mesma estratégia de perder de vista sua origem que o incitava a anotar só em espanhol observações da cidade e de seus encontros. O que lhe doía era a solidão de seu pai — sua mãe morrera havia um ano —, e embora ele tivesse amigos e o tivesse alentado a viajar, sabia que era uma companhia necessária.

De repente, uma palavra ou foto repercutiam. Em Hangzhou, os chefes do G20 acabavam de se reunir. Passou rápido pelos parágrafos que repetiam a impossibilidade de deter a guerra nos países islâmicos, a preocupação com a saída de mais membros da União Europeia e as manobras na conferência de imprensa para diminuir os efeitos que esses fatos teriam na economia mundial. Comoveu-o a foto da gala noturna, na qual os líderes haviam desfrutado do espetáculo de balé e teatro de quatrocentos e vinte bailarinos dançando e correndo sobre o lago, como se não houvesse uma plataforma oculta que os sustentasse. Ele havia visto três vezes essa montagem de Zhang Yimou, quando amigos de outros países lhe pediam que os levassem, e não negava a beleza da obra na moldura das leves montanhas arborizadas que rodeavam a água. Voltar a encontrá-lo na página da internet de um jornal argentino o fascinou por um instante e, em seguida, precisou interromper o vídeo desse simulacro.

Retornou a esse outro excesso que era essa região de Palermo, as pessoas reunidas nos bares para seguir a partida de futebol da seleção argentina, os gritos pelo gol e a exaltação final, depois discussões sobre os jogadores incluídos ou não, os que haviam sido penalizados por evadir impostos. Sentiu-se estrangeiro ao não conhecer os nomes dos que jogavam, mas ficou feliz ao ver nessa aproximação a sensação de verdade que há, às vezes, num entusiasmo compartilhado.

# VISITA NÃO GUIADA

"Trate-me bem porque estou escrevendo um diário", escutou dizer, quase gritar, quando a empregada abriu a porta e o arqueólogo disse que tinha um encontro com Alan Bellat. "Aí vou contar o que penso de vocês."

— Entre, sente-se. Assim que o sr. Alan se desocupar, vai atendê-lo.

O arqueólogo havia pensado que o escritor estava discutindo com sua família, mas o que seguiu da conversa, as pausas sem que se ouvissem respostas, o fez entender que Bellat estava numa conversa telefônica com uma jornalista. Parecia que o haviam atacado por causa do seu último romance.

O escritor chegou e se apresentaram.

— Não lhe ofereceram nada? Vamos ver, Ofelia, traga um uísque para o senhor. Com gelo?

— Sim, obrigado.

— Lamento tê-lo feito esperar, mas era uma jornalista coreana que escreveu uma crítica disparatada sobre mim e agora pretende que eu lhe dê uma entrevista. Um velho truque: agredir e depois fazer a vítima falar para que pareça um energúmeno.

— Eu estou começando a lê-lo — disse o arqueólogo — e por enquanto não vou escrever sobre sua obra. Me interessa conversar sobre sua ideia do escritor como destino turístico.

— Somos parte dessa indústria — respondeu Alan, sem deixá-lo continuar. — Os escritores e artistas somos recursos para ampliar as experiências. Como as pessoas que vêm a Buenos Aires já se cansaram de que as desviem para as cataratas ou os glaciares, as agências de turismo, que começaram com as rotas Borges e Fogwill, agora escolhem os protagonistas das últimas polêmicas. "Venham visitar Bellat ou Samanta Schweblin." Me deixam louco com os pedidos de entrevistas, visitas guiadas à casa do escritor, como se fôssemos o Cabildo ou a Costanera. Tentaram, anos atrás, aumentar o atrativo de Buenos Aires com os Villa Miseria Tours, como fizeram com os Favela Tours no Brasil, mas isso se desgastou e agora tentaram as visitas aos campos de refugiados sírios. Já viu, o governo, em troca de petróleo barato, recebeu quatrocentos e vinte mil árabes, e a metade está aqui, na periferia de Buenos Aires.

"Às vezes trazem escritores de outros países que polemizam com a gente, ou são pagos para que o façam. Por isso vou escrever um diário e contar tudo. Embora alguns que são trazidos da Espanha não precisem que a gente os escute. Delatam-se sozinhos, como essa escritora Selva Montero, que escreveu: 'Nunca seremos tão jovens como hoje e a vida se conquista dia a dia'."

Bellat acabou de dizer a frase enquanto ia atender outra chamada telefônica. O som diferente do iPhone o fez exclamar que se tratava de seu editor inglês. Conseguiu ouvir que Bellat respondia sem vontade sobre o giro que lhe haviam organizado por catorze cidades dos Estados Unidos.

— Vamos reduzir a lista a universidades com cidade. Que interesse tem — dizia Bellat — ir falar com quinze estudantes num campus se o vilarejo onde fica tem só uma rua com dois restaurantes? Nós, escritores, não vamos resolver o problema deles de entretenimento.

O arqueólogo percorria a casa e não via nada além da biblioteca alongada numa parede, quadros mínimos de pintores argentinos e brasileiros, móveis provavelmente herdados, uns poucos artesanatos peruanos e mexicanos trazidos (quase certo) de seus giros de promoção, as umidades antigas do teto que revelavam suas dificuldades para pagar a manutenção, enfim, uma casa sem assinatura de autor, com a moderada amplitude própria de uma fama sem estirpe. As três cerâmicas japonesas falavam de uma curiosidade fugaz. Começava a pensar que talvez precisasse se render a uma visita de agência para escutar o roteiro que incorporava este lugar ao itinerário de estrangeiros.

Quando Bellat retornou, o arqueólogo lançou sua provocação:

— Eu pensava que a ideia do diário como vingança fosse antiga. Mesmo na Argentina. Li há pouco tempo o diário do Bioy Casares, essa tentativa de diminuir Borges.

— O senhor não me disse que não era como esses jornalistas de escândalo?

O arqueólogo se entusiasmou em seguir essa linha, na qual o escritor havia se prendido.

— Um escritor chileno dizia, faz vinte anos, que na sua geração os poetas prestigiosos só serviam para que lhes pedissem cartas de recomendação. Nessa época, tinham que pedir a Zurita. Agora, quem faz isso?

— As grandes biografias literárias já não são autoridade. As decisões são tomadas com outros subentendidos, que também me custa decifrar. Até uns dois anos atrás, contabilizavam-se as citações em blogs, mas deixou de se fazer. Depende do que você estiver procurando: uma bolsa, ser traduzido, que transformem seu romance em roteiro televisivo ou em video game.

    A conversa foi se desvanecendo. Não estava claro se Bellat estava cansado, queria passear com seus cachorros, que o assediavam, ou alguma coisa aconteceu nas chamadas que seguiram, embora ele não atendesse a maior parte. Como um sítio arqueológico se afasta daquele que o visitou, despediram-se.

# DISSIDÊNCIAS NO SUPERMERCADO

Foi ao supermercado, onde encontrava o refúgio da rotina. Havia trocado por um que não ficava perto do seu apartamento, porque era dos poucos em Buenos Aires que tinham *doufu*, pimenta-de-sichuan e brotos de bambu em conserva. Ia se acostumando com outras diferenças da Argentina, mas a comida tinha mais de pátria para ele do que a língua. Um mês antes havia visto *zha cai* nesse supermercado, mas agora lhe diziam que deixaram de importá-lo porque só os estudantes chineses da região comiam, e poucos tinham dinheiro para comprá-lo.

Na fila para pagar, um casal falava que no Brasil e no México cresciam movimentos independentes com candidatos honestos. O homem, que acabava de chegar do Chile, depois do escândalo que fez o presidente balançar, contava sobre as reações de moradores e estudantes fartos de as matrículas universitárias continuarem aumentando. Sua mulher respondeu:

— Esses protestos não podem ir muito longe. Tudo está na mão de marcas, empresas despersonalizadas que não funcionam. Faz meia hora que estamos na fila, com os carrinhos pela metade, e a fila está lenta porque a cada quatro cartões, três não passam. Já quase ninguém paga em dinheiro, e escutei que a demora não é porque os clientes não tenham crédito nas contas. A nossa caixa disse: "Caiu o sistema". A do lado berrou que faz duas semanas que acontece a mesma coisa, quase todos os dias, e o supervisor gritou para ela em voz baixa que se voltasse a fazer esses comentários ia ser despedida.

— Estava lendo uma revista, não escutei — ele disse.

— As notícias estão aqui, Pablo, no sistema que falha, nos professores que continuam em greve. Nem a temporada de futebol começa, porque faz sete meses que os jogadores não recebem. Vimos juntos que os estádios foram vendidos a chineses e estadunidenses, para outros esportes — acrescentou, enquanto desviava o olhar para o arqueólogo. — Fazer política é como querer continuar jogando futebol sobre o gramado no qual agora se joga golfe. Você não viu os buracos? As bandeirinhas que os marcam têm ideogramas em vez de números, ou caracteres, não sei como se chamam.

Ia subindo a voz do mal-estar. Alguns buscavam a companhia dos que viam pela primeira vez: eram unidos pelas experiências do que faltava nas gôndolas, até os queijos nacionais.

— Comprei-o por vários meses e depois desapareceu.

— Anteontem os vinhos argentinos subiram, mas os espanhóis e os chilenos não: de que nacionalidade é este supermercado?

— Impossível saber — disse um homem com tatuagens no braço, que o arqueólogo tinha a impressão de ter visto na faculdade. — Na semana passada, quis reclamar porque a farmácia não me vendia um medicamento se eu não desse "uma atenção" ao atendente. Pedi para falar com o chefe, depois de uma hora consegui um 0800, e nem ele sabia de que país era. Grande edifício, mas são clandestinos.

Quando outros somaram seus gritos às queixas, a supervisora desceu rapidamente de sua cabine, como se temesse que a fúria se transformasse em saque. Ao arqueólogo — não sabia por quê — ocorreu a frase "descontentamento coral". Seria porque ele, como estrangeiro, só podia observar?

A supervisora e os policiais estavam na dependência dos caixas. Os técnicos, concentrados em restabelecer o sistema. Vários clientes aproveitavam para esconder mercadorias na roupa (talvez imaginassem sair com elas de graça quando a desordem aumentasse) e outros abriam refrescos e iogurtes para tomá-los ali mesmo. Ninguém viu que um jovem subia numa plataforma, passava uma grade, se enfiava na cabine de vigilância, tirava de sua mochila discos com capas estridentes e os colocava no console de música ambiente. Fez a transição com um *reggaeton* meloso, depois outro violento, em seguida músicas africanas que ninguém soube identificar, salvo um casal que exclamou: Lura! A supervisora ergueu o olhar, interrogando essa enérgica sensualidade que soava estranha entre verduras, biscoitos e embalagens de cervejas. Dois mostraram que seus corpos se excitavam com Danay Suárez, a cantora de rap cubana que canta, em ritmo hip-hop, seu mítico repúdio ao aborto.

As pessoas começaram a relaxar quando dois caixas se agilizaram. Os gestos dos que davam ordens, talvez por sua ênfase, tinham algo de autoridade ridícula ao não seguir o ritmo da música.

O arqueólogo conseguiu pagar e saiu duvidando se a irrupção daquela música ambiente havia sido uma performance individual ou coletiva. Sorriu, enquanto pensava: o supermercado não é só o lugar onde sempre acontece a mesma coisa. Não sabia que nome dar àquela experiência e lhe ocorreu que era arte intrometida. Diferentemente das transgressões vanguardistas de sujeitos singulares, as performances da arte política trabalham agora com a abundância de falhas econômicas e tecnológicas que ninguém pode abarcar, nos descuidos da ordem.

# LEITORES PÓSTUMOS

O arqueólogo viu em sua rede sociotécnica que ia se realizar em Buenos Aires um congresso internacional de sua disciplina sobre o tema "Quando o século XX acabou?". Cansava-o voltar a escutar especialistas que vinha lendo desde que estava na universidade, cruzar nos corredores e refeições com alguns que conhecia e ter de dar opinião sobre as sessões. Não queria voltar ao jogo de trocar frases engenhosas ou se posicionar entre uma tendência ou outra que, na realidade, eram este ou aquele grupo com suas alianças acadêmicas. Animava-o um pouco reencontrar amigos, mas o que sabia dos últimos anos da arqueologia não o movia como em outras épocas quando ia aos congressos para se colocar a par de estudos recentes e novidades teóricas.

Ao mesmo tempo, atraíam-no nomes de arqueólogos estadunidenses e latino-americanos que não eram convidados aos congressos chineses, onde recebê-los comprometia o prestígio político dos organizadores.

Uma parte das sessões se anunciava como a dos "datólogos". Pelos títulos e *abstracts* das comunicações, inferia que uma linha situava o fim do século XX em 1989, com a queda do muro de Berlim. Outros destacavam 2001 e as Torres Gêmeas. Alguns pareciam se agrupar vendo como demarcação a ascensão de Trump, em 2017. Não faltavam os provincialismos: nas duas mesas de europeus, que evidentemente não haviam podido chegar a um acordo, uma colocava a fratura na saída da Grã-Bretanha da União Europeia e outros, no abandono da Itália, em 2020.

Os latino-americanistas estadunidenses e da América Latina tampouco coincidiam: os primeiros se dividiam entre aqueles que identificavam como momentos cruciais o fim das revoluções cubana ou nicaraguense, enquanto os arqueólogos latino-americanos marcavam a agonia das políticas de proteção ao patrimônio e a privatização de monumentos históricos como fim de época, embora tenha tido a sensação de que se referissem, sobretudo, a como iam ficando sem trabalho.

Um segundo setor era o dos "caudilhólogos". Não se chamavam assim, mas tinham em comum tratar de explicar as mutações por figuras históricas: Fidel Castro, Carlos Salinas ou Alberto Fujimori. Pareceu-lhe mais coerente com a tradição arqueológica a comunicação em que um estadunidense declarava imaginário o poder dos presidentes, contrapondo Clinton, levado à beira do precipício por paquerar uma estagiária, com Bush, assassino serial impune. A presidência, dizia, era um lugar onde se cruzavam os aparatos de espionagem, a indústria bélica em ascensão e as declinantes como a de carros, quinquilharias tecnológicas ou patrióticas. Alguém o refutou, argumentando que a queda de vendas de símbolos nacionais era substituída pelo comércio de cópias de palácios, abadias, selvas, próceres de outras histórias em tamanho real ou em modelo reduzido. Tudo bem, respondeu o palestrante, também devemos analisar como se formam as convicções de uma sociedade que se crê única graças às cópias.

Umas poucas mesas se ocupavam de aplicar as chaves das datas ilustres aos personagens líderes na cultura. Da morte de Borges à de García Márquez, ou de músicos como Piazzolla, Roger Walters, Barenboim ou John Cage, os desaparecimentos continuavam sendo cômodos para marcar o que caducava. Outros punham os pontos de quebra nas novidades tecnológicas — o Kindle, o Facebook ou o WhatsApp — e assim acreditavam explicar a redução de editoras e livrarias.

Suas perguntas eram tão desordenadas quanto essa aglomeração de chaves que surgiam à medida que ia lendo o programa. Alguém tratará sobre o significado que os lugares emblemáticos dessas mudanças de época tenham se tornado altares do comércio e do turismo? O Muro de Berlim, o buraco das Torres Gêmeas, os túmulos de líderes, Lampedusa e outros lugares de naufrágio no Mediterrâneo? Por que a Unesco os transformava em destinos de peregrinação ao declará-los patrimônio da humanidade, erigindo monumentos desenhados por artistas aos Desesperados das Fronteiras?

Para responder, pensou, seria preciso falar de processos, em que o econômico, o cultural e a vida cotidiana enredavam seus ritmos discordantes. Talvez os pesquisadores tivessem fundos apenas para acumular dados e não tivessem tempo para se fazer perguntas que não brilhavam nos congressos.

Decidiu assistir a uma sessão de três mesas dedicadas às bibliotecas e aos arquivos de escritores e cineastas. Em suas cartas, que costumavam documentar suas vacilações ao escrever e filmar, esperava encontrar menos respostas e mais enigmas. Preferia as escrituras arraigadas em experiências e fugia das polêmicas ideológicas: talvez por contraste com seu país, pareciam-lhe desproporcionais. A dificuldade para isolar esses textos como documentos simbólicos, inclusive para achá-los nos caudalosos servidores da internet, levava-o a averiguar as condições em que haviam sido escritos e editados.

Mesmo depois do período em que os romances abandonaram os temas de ditaduras, seus experimentos com a linguagem não cessavam de se desviar para assuntos extraliterários: as mudanças do mapa editorial, as turnês de lançamentos, os escritores seduzidos para ser gurus na televisão, as traduções e as residências letárgicas nos campi universitários estadunidenses.

Já no congresso, sentou-se numa sala onde um arqueólogo especializado em editoras detalhava o ocorrido quando elas foram vendidas para centros comerciais midiáticos e lojas da internet, como a Amazon. Os editores foram tirando do catálogo milhares de títulos porque seu ritmo de saída não era competitivo. Guilhotinavam-se os livros preguiçosos e também os arquivos das editoras adquiridas. A tarefa arqueológica se fazia difícil porque também destruíam os demonstrativos contábeis, as referências a autores e livreiros.

Nos escritores que persistiam nos catálogos, era indiscernível como haviam construído suas obras. Muito poucos continuavam publicando contos agrupados em livros ou romances completos. Com o surgimento das redes sociais, os editores começaram a exigir dos autores ceder os direitos para reconverter os livros em programas televisivos, fragmentá-los em blogs e antologias digitais. De muitas obras que já não se reeditavam, era preciso imaginar seu formato original decifrando videoclipes ou cápsulas de youtubers na web.

Daniel, um arqueólogo argentino (não entendeu seu sobrenome), contou que seu irmão Guillermo, que era agente literário, lhe indicou procurar livros esquecidos nas antigas casas fotocopiadoras que subsistiam ao redor das universidades como raridade folclórica. Também esses museus de fotocópias haviam perdido a visão de conjunto porque descartavam as capas dos volumes: obedeciam a estatísticas comerciais e jogavam no lixo os capítulos que não superavam quinhentos pedidos semanais.

Um dos poucos palestrantes que continuava interessado em questões teóricas se entusiasmou com a mistura de fragmentos de livros, cartas e papeizinhos porque, disse, finalmente abolia as diferenças entre os gêneros. Em contos de Cortázar, as velhas disputas entre o fantástico e o realista, o lírico e o dramático, haviam se tornado simplificadoras. Os relatos "Cefaleia" e "As mãos que crescem" agora só são reeditados em antologias de medicina. O conto "O móbil" chega aos leitores citado como bibliografia, mas sem texto, num estudo sobre telecomunicações. "Conduta nos velórios" e "A noite de barriga para cima" faziam parte do manual de urbanidade publicado por uma funerária venezuelana.

Ele estranhava especialmente o que ocorrera com Cortázar. Até onde pudera rastrear, seus contos e romances publicados em vida não superavam quatro mil e oitocentas páginas (os dois volumes de contos completos editados pela Alfaguara ocupavam um mil cento e quinze páginas). Mas ia descobrindo que, depois de sua morte, os textos inéditos geraram volumes que superavam doze mil páginas. Um crítico postulava um novo gênero: escritos juvenis póstumos.

Na realidade, essa categoria abrangia gêneros diversos: contos, discursos, poemas, cartas, fotobiografias autocomentadas e fotos de objetos. De todas as palavras que teve de aprender do lunfardo, "cambalache" parecia ao arqueólogo chinês a que melhor denominava essas edições destrambelhadas. Ao ler esses textos inéditos, dizia o palestrante, com frequência entendia por que o autor de *Bestiário* não quis publicá-los, mas o atraía a informação que davam sobre a época: como um escritor sobrevivia pulando de um trabalho a outro nos anos 1950 ou 1960, como reatava suas amizades ou buscava o reconhecimento dos outros.

O arqueólogo escutou interpretações divergentes sobre a crise da indústria editorial. Editores e livreiros a atribuíam à concorrência com a internet e à pirataria, e exibiam estatísticas. Mas, ao mesmo tempo, soube que editores que deixavam de publicar romances e contos, inclusive de prêmios Nobel, faziam seu negócio crescer imprimindo cartas, entrevistas e textos avulsos desses mesmos autores.

O arqueólogo se divertia com o fato de que o crescente interesse por cartas de escritores aumentava à medida que o correio ia fechando suas agências e os carteiros subsistiam para distribuir contas de gás e luz ou as últimas revistas que insistiam no papel. Não o espantava que Cortázar tivesse escrito milhares de longas cartas desde 1937 até sua morte: as pessoas se comunicavam assim nessa época, ainda mais um escritor recolhido em cidades como Bolívar e Chivilcoy, desconfortável em Buenos Aires e depois estrangeiro em Paris, querendo compartilhar com amigos distantes seus achados artísticos ou os passeios por Viena, quando terminava sua jornada como tradutor para a Agência Internacional da Energia Atômica.

Algo extravagante havia em que Cortázar, um autor que cuidava do específico dos gêneros e os transgredia para flexibilizar sua potência experimental, mas que nunca publicou cartas pessoais, fosse agora mais conhecido pelas quase três mil páginas dos volumes de correspondência, que são engordados com dedicatórias a seus amigos, fotos de paisagens e postais.

Os leitores também se sentiam atraídos a buscar o sentido das ficções nas mudanças do autor, suas maneiras de amar Paris e deixá-la em constantes viagens, o que perseguia na Itália e na Bélgica, na Espanha ou na Índia, nos gestos para continuar sendo querido pelos amigos à distância?

Numa das conferências de encerramento do congresso, escutou uma socióloga da literatura que havia detectado três tendências no mundo literário em espanhol. Uma é a linha da teatralização, disse, segundo a qual os produtos literários e artísticos tendiam ao espetáculo, deslocavam sua sedução das obras para as performances midiáticas de seus autores. Outra interpretação se detinha na fadiga dos gêneros: quando os modelos de verossimilhança ficcional, como o romance, o conto ou os dramas teatrais perdiam convocatória — e até cansavam as versões experimentais que os renovavam, como *O jogo da amarelinha* —, quis-se reativar seu impacto, dizia, com os gêneros de verossimilhança existencial, por exemplo, as cartas e as autobiografias. A terceira explicação associava os escândalos prometidos pela intimidade das cartas com o auge editorial das revelações policiais da política e da narcoliteratura. A socióloga falou da complacência com leitores massivos e da astuta legitimação dos fabricantes de armas, que investiam nos grandes grupos editoriais.

A parte final da conferência documentou as alianças entre Tony Blair e o império midiático de Murdoch para lhes facilitar a compra de editoras como HarperCollins e Hodder Headline. Em troca, Murdoch — que na primeira década do século XXI vendia trinta e cinco por cento dos jornais ingleses — ofereceu seus jornais e canais de televisão na Inglaterra e nos Estados Unidos para convencer a população de que escutar as críticas sobre as falsidades que invalidavam a guerra no Iraque seria como "abandonar a Sadam todo o Oriente Médio". Nesses mesmos anos, o grupo Lagardère, que se ocupava de investimentos aeronáuticos e eletrônicos de defesa, comprou as editoras de Vivendi, que incluíam fundos culturais como a Hachette e publicações escolares.

Todas essas tendências haviam começado no século XX e continuavam no XXI, de maneira que ela não encontrava uma ruptura radical entre um século e outro. Talvez fosse preciso procurar as mudanças nos comportamentos dos leitores.

No final, o arqueólogo se aproximou da conferencista e a convidou para tomar um café. Elena se interessou pelo que ele fazia e a conversa foi se animando com as dúvidas de cada um. Foram até uma passagem onde havia uma cafeteria tranquila, segundo Elena, que lhes permitiria falar.

Por que razão, naquela época, certos escritores reservavam para as cartas pessoais relatos que poderiam ter brilhado em seus livros? Correspondia a outros usos da época, outros vínculos entre a amizade e a ressonância pública?

— São boas perguntas — disse-lhe Elena. — Trato justamente de levantar o debate sobre se é legítimo que os viúvos e as viúvas editem o encontrado em gavetas sem abrir, que misturem gêneros. Acredito que temos de levar a sério essa dedicação a escrever para não publicar, adaptando-se a interlocutores únicos que requeiram estilos variados.

— O menos interessante — disse o arqueólogo —, me parece a discussão ética. Me intrigam mais as diferenças entre cartas inéditas e textos publicados: o escritor, que costuma revisar seu manuscrito várias vezes e persegue uma visão autocrítica do conjunto, não pode observar os volumes reunidos de sua correspondência. Nos arquivos de escritores que cheguei, até agora não encontrei rascunhos de cartas. Não vou atribuir-lhes, por isso, virtudes de autenticidade ou espontaneidade. O que me atrai é um certo estado cru das incertezas.

— Penso — acrescentou Elena — que as cartas mostram indiferença ante os gêneros. Talvez isso derive da liberdade de que não são enviadas para que sejam discutidas por professores de literatura.

Dois dias depois, desejoso de ver a socióloga, procurou-a para lhe perguntar sobre as diferenças entre aqueles anos e os atuais da indústria editorial. Contou-lhe que estava lendo as cartas de Cortázar para seus editores e via cruzamentos intensos antes e depois do surgimento dos livros. Faltava-lhe informação para entender algumas referências. Quem havia sido Paco Porrúa, seu editor preferido: um empresário, dono de corporações em outros ramos produtivos, no petróleo ou nos espetáculos, como os que agora dirigiam as editoras? Elena riu às gargalhadas e lhe disse que nessa época os editores ainda não eram empresários petroleiros.

— De todo modo — sustentou o arqueólogo —, falava nas cartas como se Porrúa fosse também dono de salas de espetáculo, estava preocupado com a adaptação de um romance para o cinema, se ia ser colorido e em cinemascope, quem o adaptaria. — Chamava-lhe a atenção que Cortázar discutisse com Porrúa tudo o que seria preciso evitar ao lançar *O jogo da amarelinha* ("a fraseologia amável", não colocar a ênfase no lado romance na capa, "nada de cenas vistosas") e não passasse essas tarefas ao departamento de marketing.

— Também me interessa saber como se refez a figura do escritor — disse Elena, cúmplice. — Estive consultando manuscritos de escritores latino-americanos nas universidades de Princeton e Austin, e nos escritórios da Random House em Nova York. Mas desde 2008, quando começou a Grande Depressão financeira, corporações chinesas e árabes adquiriram muitas editoras europeias, e os arquivos de escritores espanhóis e latino-americanos já não estão ali.

— Sabe onde descobri manuscritos de escritores colombianos e argentinos? — contou-lhe o arqueólogo. — Em Xangai, e sei que outros estão em Abu Dhabi. A literatura está parecendo com o que acontece no futebol há vinte anos, quando países asiáticos e árabes começaram a investir em equipes como o Barça e o Atlethic, que usavam nas camisetas de seus jogadores, como publicidade, as marcas Qatar e Azerbaijão. Depois abandonaram esses patrocínios. Do esporte passaram para a arte, a literatura e os museus com vestígios ocidentais e obras contemporâneas.

— Gosto que você compare campos distantes — respondeu a socióloga. — Eu tinha outra ideia dos arqueólogos, mais encapsulados em ruínas históricas.

— Vai te interessar saber — disse o arqueólogo — a surpresa que tive no Instituto de Pesquisas Latino-Americanas de Beijing ao ficar sabendo que os documentos, fotos e quadros que foram de Cortázar haviam sido revendidos a Paris, onde o último governo socialista os havia depositado com honras no Centro Pompidou. Mas uns anos mais tarde, o governo de Marine Le Pen mandou destruir as obras de artistas muçulmanos em grandes fornos instalados no Centro Pompidou, que escolheram para as incinerações pela vocação industrial do seu estilo arquitetônico. Ali caíram coleções de arte e bibliotecas de escritores latino-americanos que haviam vivido nessa cidade.

"Na geopolítica da cultura se confundem as nacionalidades tanto como os gêneros — acrescentou sorrindo, como que zombando do debate do congresso. — Às vezes eu me pergunto qual é o gênero da pós-globalização. A épica das migrações, o melodrama da interculturalidade?"

Uma colega de Elena entrou no café quando a viu pela janela. Elena a apresentou e pediu a ela que a esperasse. Propôs ao arqueólogo que se vissem na semana seguinte porque queria lhe perguntar algo sobre os poemas que Octavio Paz escreveu na Índia.

— Vou sair de viagem, mas te mando uma mensagem em quinze dias, quando voltar.

# DO DIÁRIO DE CAMPO, 1

Durmo depois de jantar com dois funcionários da embaixada chinesa em Buenos Aires, um jantar que teve a característica de não ter nenhuma característica. Só um relato, ao final da noite, sobre um físico chinês, residente aqui, que havia transmitido informação ao governo argentino e lhe haviam tirado o passaporte. Entendi isso como uma advertência.

Sonho um diálogo em espanhol, acho que o primeiro desde que estou em Buenos Aires. Só me lembro de duas mulheres que falavam num carro com essa cumplicidade intacta de irmãs que se reencontram depois de cinco anos, mas quando acaba de acontecer com uma delas algo singular. Uma se parecia com a Elena, não tanto pela forma estilizada de suas pernas, e sim pelo que irradiavam ao se esticar, a tensão sensual com que aceleravam ou freavam, ou ao se apoiar com uma liberdade gozosa, ao mesmo tempo segura e frágil, no piso do carro, agora que iam pela Avenida Libertador e a velocidade constante lhes deixava se concentrar na conversa.

Acordei e senti vontade de enviar uma mensagem para Elena. Não sabia o que lhe dizer, mas sobretudo não escrevi porque me incomodava a brevidade obrigatória da rede sociotécnica. Teria preferido uma carta.

# SUBORNOS

9 de março de 2031. Vim ao México para participar de um simpósio-festival sobre urbanismo, "Mextrópoli". Me interessa especialmente a conferência de Saskia Sassen e também mergulhar na relação dos escritores com a cidade. O pouco que li me faz pensar que, assim como para os argentinos a língua privada das cartas, para os mexicanos a curiosidade urbana lhes deu cenas para ensaiar em crônicas outro idioma literário.

Segundo Fernando, o arquiteto mexicano que conheci num congresso em Beijing, devíamos sair mais de uma hora antes da sua casa em San Ángel, ao sul da cidade, porque nos quase vinte quilômetros até o Centro Histórico pode haver congestionamento demais. Mas me fez passar para a cozinha e depois para a sala, me ofereceu um chá enquanto se vestia.

— Você estudou um tempo na China?

— Fiz o mestrado.

— É curioso, porque não vi essa estética minimalista onde meus amigos moram lá, mas o design dos seus móveis, que podem ser desarmados e rearmados, o branco nas paredes e no chão, nas estantes para livros e na cozinha, o contraste com suaves tecidos cinza das poltronas, me lembram o apartamento que alugo em Buenos Aires. Me disseram que esse edifício foi projetado por um arquiteto chinês, Chun-Tai Tsai.

— Sua empresa também está construindo casas no México para serem alugadas por pouco tempo, sobretudo para casais jovens, que possam mudar a localização dos móveis. Quase tudo é reversível, e a ideia do branco e das janelas amplas é criar um jogo limpo, não entre cores, mas entre luz e sombra. Mas vamos continuar falando no carro porque senão vai ficar tarde.

Primeiro o trânsito fluía, mas quando estávamos a quatro quilômetros do salão do simpósio, e ele me disse que poderíamos procurar com calma um dos poucos estacionamentos públicos confiáveis, onde dizem que não roubam os estepes nem trocam peças do motor, a circulação foi ficando lenta.

Nos primeiros quinze minutos, não vemos nada de anormal, só a sonolência do tráfego. Depois, tudo parou e imaginamos que devia ser uma marcha de protesto, como quase todos os dias. Fernando me disse:

— Não, olha: é uma multidão, mas não estão levando cartazes nem gritam palavras de ordem.

Pouco a pouco vamos nos aproximando da esquina e vemos que houve uma batida entre um ônibus de passageiros e um caminhão de dupla tração que transporta materiais, um "materialista" como são chamados no México e, neste caso, a expressão não parece nada metafísica pela contundência da massa do veículo: seus vinte metros de comprimento estão tombados sobre o asfalto com as trinta rodas de um lado flutuando no ar. Já chegaram as ambulâncias, as patrulhas policiais, é evidente que a batida aconteceu faz mais de uma hora, mas os curiosos continuam ali.

— Para que ficam ali? — pergunto.

Fernando responde:

— Lembro da entrevista que fizeram com Enrique Metinides, o grande fotógrafo de acidentes urbanos. Metinides tinha várias fotografias de batidas e incêndios com muita gente observando. "Para que ficam ali?", perguntaram a Metinides. Ele respondeu: "Veja, um grande acontecimento cria expectativas de que aconteça algo mais, diferente do que estamos habituados a ver todos os dias. Ou talvez continuem esperando até que a televisão chegue e eles possam contar o que aconteceu".

Ele me conta isso enquanto vamos tardando pela única pista livre entre as oito dessa avenida, e me relata um tiroteio ocorrido há um ano na porta de uma loja próxima, e como o havia intrigado que uma multidão ficasse ali quando tudo havia passado.

— Pensei que estivessem esperando a imprensa e os fotógrafos para serem reconhecidos como narradores urbanos. Tornam-se figuras públicas ao, depois, aparecer nas telas da televisão ou nas redes, enfim, deixar de ser anônimos.

Olhei o relógio e pensei que a conferência de Sassen já devia ter começado. Deixamos a batida para trás, mas o trânsito avançava lento, lento. Nos deu tempo para observar as centenas de bancas de vendedores ambulantes instalados nas calçadas e, em algumas quadras, invadindo a pista de cada lado da rua: ofereciam suco de frutas, queijadinhas, roupa mais barata que nas lojas formais, queijos *manchegos* de Oaxaca, bolsas para mulher e jaquetas para homens, utensílios de cozinha, jornais de hoje ou do dia do nascimento do comprador. Mais adiante, durante várias quadras, dezenas de bancas improvisadas com peças de reposição para todas as partes de carros de diferentes marcas. Como o trânsito continuava preguiçoso, nos semáforos havia limpadores de para-brisas, vendedores de chicletes, espelhos, água engarrafada, imagens religiosas, livros e até pequenos livreiros porque tinham vários minutos para negociar com os que viajam de carro.

— Vejo também, como em Buenos Aires — disse —, altares com muitas oferendas.

— Encontraremos mais quando nos aproximarmos do coração do Centro Histórico.

— Ali há vários com a imagem do Chapo Guzmán — reconheci. — Mas vejo outras imagens muito mais repetidas. De quem são?

— De Santa Muerte e de Jesús Malverde, os dois que ocupam os primeiros lugares na lista Forbes de Doações e Esmolas. Mas vão mudando, de acordo com as colônias. Em Coyoacán, que continua sendo zona de intelectuais, a maioria dos altares é dedicada a Pedro Páramo. Por que os programas de realocação dos ambulantes falham? Nunca se poderá controlar esse caos? — perguntou-me Fernando, como se um chinês tivesse algo para explicar a um nativo mexicano.

Tratei de ser cortês com o comentário porque Fernando projetou um dos centros comerciais nos quais o governo da cidade tentou realocar os ambulantes em lugar coberto, numa passagem encantadora, quase benjaminiana.

— Na realidade, não é tão caótico — lhe disse. — Me parece que estão agrupados por ruas, primeiro os que vendem roupa, depois partes de carros, depois...

— Ai, os arqueólogos são como os antropólogos, sempre tentando encontrar uma ordem para os comportamentos tradicionais. Concordo que todos agimos com alguma lógica e também os vendedores informais. Mas como construir uma cidade com gente que sempre faz rodeios para passar por cima dos regulamentos e não pagar impostos? É curioso: ao mesmo tempo, esses grupos que fogem da economia formal são usados pelos partidos políticos para captar votos.

— Sabe que eu li um livro de Jérôme Monnet no qual ele conta que já no século XVIII se debatia sobre permitir ou não os comerciantes ambulantes? Ou seja, o intercâmbio comercial nas ruas desde muito cedo fez parte da convivência e do espaço público.

— Como se organizam, na China, essas manobras entre o trabalho irregular e os movimentos de carros e motos? Também dependem de arranjos entre políticos, empresas imobiliárias, máfias que controlam o transporte, o lixo e o tráfico de alimentos?

— Sim, temos em nossos bairros populares aqueles que baixam filmes, copiam e os vendem. Quando eu era adolescente, predominavam o cinema chinês, coreano e europeu, e agora abundam os filmes mexicanos e latino-americanos. Tem tanto público que empresas indianas e chinesas fizeram algo como dez remakes do mesmo filme. Vi, há pouco tempo, dois de *Amores brutos*, três de *Nove rainhas* e versões de western-ficção sobre a reconquista mexicana do Texas em que triunfam os secessionistas mexicanos que impulsionavam o Texit.

"O mundo da informalidade é o mundo das cópias — acrescentei, citando um antropólogo brasileiro, Lins Ribeiro, que trabalhou em Guangdong. — Esses filmes piratas são a continuação, na indústria cultural, de todas as imitações: os tênis, as bolsas Louis Vuitton, os sapatos e os brinquedos que vimos nas ruas. Já tinham me falado que perto do Centro Histórico fica Tepito, que, de um bairro de contrabando local, passou a ter escritórios na China e em outras cidades asiáticas. No avião, eu vim lendo um livro em que falam desta 'globalização a partir de baixo' e diferenciam entre crime organizado global e globalização popular. Milhões de migrantes e setores populares de cidades afastadas se conectam fora do que os Estados e as empresas controlam. Vejo que a cada dez carros há uma centena ou mais de motos, quase todas chinesas, que valem três vezes menos que as outras. Só uma parte tem logo da Amazon ou distribuidoras autorizadas."

— É impossível distinguir quais são de empresas legais, porque as logomarcas da Amazon também são vendidas nos mercados. Só o sistema Premium de distribuição mediante drones está um pouco mais vigiado. Por um mínimo de segurança no tráfego aéreo. Te direi que nós, arquitetos, não poderíamos trabalhar sem a economia ilegal. Seria impossível construir sem arranjos por baixo dos panos com aqueles que têm que dar as permissões ou levar água, luz ou a conexão de internet até um novo edifício. Esses trâmites trôpegos são parte tão normal dos orçamentos como as câmeras de vídeo, os muros que protegem a rua, as cercas elétricas e os jardins verticais com que os cobrimos para tirar deles o aspecto de campo de concentração.

— Na Argentina me contaram a mesma coisa. Com esse jogo de dissimulações compartilhadas, a sociedade faz como que se organiza. Será que o suborno é o novo contrato social?

— Me dizia uma professora chinesa, que lecionou aqui e em universidades estadunidenses, que as relações entre alunos e professores no México são parecidas com as do nosso país, porque os regulamentos não importam tanto; as duas sociedades funcionam a partir de se "simpatizo com você" ou " você simpatiza comigo". Em compensação, nos Estados Unidos as normas são mais efetivas, e ela comentava que, assim, não é preciso gastar tanto tempo como na China ou no México em fazer com que as pessoas com quem lidamos gostem da gente.

Agora o trânsito estava mais demorado porque um grupo de policiais estava abrindo passagem para uma caravana de caminhões que cruzava a uns duzentos metros.

— Você tem ideia do que estão levando? — pergunto.

— São de que cor? Não estou vendo bem se são cor de laranja ou roxo-claro.

— Laranja, me parece.

— Então são de organizações políticas que protestam pelos salários e têm grupos que saqueiam lojas para conseguir o que não podem comprar: televisores, aquecedores, refrigeradores.

— E os caminhões roxo-claros?

— Esses são do partido do governo, que antes das eleições divide os mesmos aparelhos em troca de que as pessoas lhes deem seus títulos de eleitor e os devolvem depois do dia da votação.

— Os carros elétricos e autônomos não chegaram ao México? — pergunto. — Li que em algumas cidades estadunidenses reduziram a contaminação e o trânsito. Várias pessoas compartilham as viagens e, quando são deixadas em seu trabalho, voltam com outras: retiram as compras de carros individuais.

— Na realidade — respondeu Fernando —, são poucas as cidades onde existem, só em umas cinquenta, médias. A implantação é lenta porque devem adaptar as leis para distinguir responsabilidades quando há acidentes e organizar a convivência com os carros manuais. Ensaiou-se em algumas cidades do norte do México, mas os motoristas e pedestres driblavam as normas. Além disso, as empresas japonesas afetadas pela queda das vendas nos Estados Unidos (ou que não queriam reciclar suas fábricas para fazer carros automáticos) estão compensando sua receita no México, pedindo a hackers que ataquem as plataformas de mobilidade e distorçam a informação de carros compartilhados para provocar batidas. O único avanço foi o Waze, para selecionar caminhos menos transitados e se estendeu à busca de estacionamentos com lugares disponíveis, mas também nesse serviço, que incluía detecção de roubos ou substituição de peças nos *parkings*, essa aplicação foi desativada.

— Vi estudos de antropólogos chineses e mexicanos que dizem que a economia informal é a estratégia popular para não ficar fora da globalização, a tábua de salvação. Mas assim como nós não chegamos à sessão do congresso, a informalidade também exclui.

— Eu e a minha mulher descobrimos que o Waze às vezes serve para não ir a um concerto ou ao cinema. Vemos as avenidas em vermelho, cheias de carros e motos, e dizemos que não suportamos avançar e frear, avançar e frear... Dá uma olhada na tela para ver em que estacionamento próximo ao congresso tem vaga.

— O que vamos fazer? A sessão deve estar terminando. Teria gostado de cumprimentar a Saskia: a conheci em Buenos Aires. Sabe que quando criança ela morou lá? Mas é desagradável não tendo podido escutá-la. Entramos, de qualquer forma, ou vamos jantar por aqui?

# DIÁRIO DE CAMPO, 2

Escrevi para Elena e resumi para ela o diálogo com Fernando. Disse também quanto desejava reencontrá-la. Acrescentei uma pergunta: Onde as suas avenidas cruzam com as pequenas ruas?

Abrir o presente ao pressentido. Perseguir em outro tempo um lugar diferente, a iminência, esse nome impaciente da alegria.

# CIDADES DENSAS

— O senhor tem uma ligação — disse o recepcionista do hotel, sem perguntar seu nome, seco, como se estivesse de mau humor.

— De quem é?

— Não sei, melhor atender.

Em seguida, entrou uma voz áspera e educada. Imaginou-o com longos bigodes e gestos ameaçadores. Falava bem espanhol, mas não era argentino nem tinha o sotaque com falsa fonética daquele que aprendeu a língua.

— Sabemos do que vai falar hoje no congresso. Pode contar o que quiser de suas pesquisas, mas lhe recomendo duas coisas: não coloque ênfase nas catástrofes, nem denúncias com nomes, nem proponha soluções políticas.

— São três.

— São as condições que nós colocamos.

— Quem está falando?

— Um sociólogo que vai lhe explicar uma coisa. Veja: o que vocês acreditam entender em seus estudos é o que eles veem porque às vezes as coisas acabam mal. Um oleoduto incendeia quando estamos tirando gasolina para vendê-la mais barata e o fogo chega a casas próximas, um edifício desmorona ou, como aconteceu ontem, alguém nos delatou e contou a um antropólogo que vai participar do congresso que, quando damos ordens sobre o tráfico de órgãos, dizemos mercado de autopartes. Mas o que nos interessa é que haja bom governo. Para isso é preciso evitar conflitos, criar trabalho para pessoas desempregadas e dar dinheiro a políticos que duvidam quando firmam autorizações para a gente. Estou lhe mandando um livro para o hotel para que aprenda que não se reprime os arranjos ilegais; são para serem usados. Sem tolerância sobre como as pessoas pobres se organizam, haveria muito mais violência. Os políticos acabam entendendo que, se desmantelarem a polícia porque é cúmplice de atentados terroristas, depois chegam militares que traficam armamento.

— Quem é o autor do livro?

Cortaram a comunicação. Sentiu-se estúpido por ter enfiado essa pergunta acadêmica numa ligação para assustá-lo. Bateram na porta e encontrou um funcionário do hotel, uniformizado:

— Deixaram este envelope para o senhor.

Abriu o livro, *A ordem clandestina*, e começou a folheá-lo. Notou que não se referia a Tepito nem a máfias mexicanas. Era um estudo sobre La Salada,[2] na Argentina. Por que estão publicando no México? Enfiou-o na sua sacola porque já vinham buscá-lo para o congresso. Desceu, pensando se os livros de ciências sociais serviam para entender as alianças ocultas entre máfias e políticos, ou se estava se detendo demais em crônicas, romances e lendas midiáticas que davam à sua picaresca uma espécie de luxo literário.

[2] Complexo de quiosques, localizado no bairro de Lomas de Zamora, Buenos Aires, onde as pessoas compram produtos para depois revendê-los na Grande Buenos Aires e no interior do país. (N. T.)

Onde estava o princípio? Na industrialização apressada, em tê-la abandonado para importar quase tudo ou na pretensão de confiar a saída a empreendimentos criativos de design e gastronomia em fábricas e oficinas recicladas? Curiosa literatura a que fazia crer que a chave era estetizar fachadas e construir torres elevadas, contrariando os vizinhos e o uso do solo, como aconteceu no bairro de Palermo, em Buenos Aires, em Condesa e Roma, na Cidade do México. Por que fortes investidores haviam construído Puerto Madero ou Santa Fe, nas margens das cidades nas quais quase ninguém queria viver?

E no fim? A desordem atraía tanto por sua complexidade obscura como pelos imaginários que incita. No congresso, dissera Fernando, vamos ouvir dois tipos de imaginários. Algumas equipes reúnem técnicos e políticos para projetar mudanças nas cidades divagando sobre o que poderiam ser em 2050; outras, formadas por antropólogos e arquitetos, exploram as fantasias dos cidadãos, que oscilam entre suspeitar de catástrofes e registrar os cheiros e as cores, as paisagens e o grafite, que distinguiriam a marca de cada urbe.

Não me atrai tanto como essas cidades são narradas agora por seus habitantes e seus turistas, mas sim compreender as intenções originárias e os desacordos com o que se observa anos depois. Vejo nas cidades regiões onde averiguar como as utopias se estropiam, que dramaturgia do desastre as substitui. Os urbanistas chineses não se animam a falar do excesso de shoppings construídos depois de demolir casas históricas. Por que em países onde não há censura esses processos também são escondidos?

Quando começou sua conferência, deixou a leitura do texto que havia preparado e foi contando que antes de viajar, enquanto se entediava nas filas nas embaixadas dos países americanos em Beijing, comparava as multidões de comerciantes e turistas que tramitavam vistos com as viagens congestionadas das metrópoles. Todos sabemos, disse, como a industrialização fez crescer as migrações nacionais, e sua desordem se agrava agora nas formações urbanas transnacionais, ou seja, as unidades de convivência que unem as pessoas de uma nação morando em países distintos ou cidadãos de países vizinhos. Por exemplo, as cidades fronteiriças, como Tijuana-San Diego. Há outras formas geográficas inter-relacionadas, explicou, que não são contíguas no território, e mencionou as ruas transnacionais formadas por vizinhos que depois de migrar continuam tendo vínculos de reciprocidade ou de parentesco. Mostrou fotos dos bairros chineses ou mexicanos em Nova York e Chicago, as comunidades bolivianas em Buenos Aires, os peruanos no Japão: em todos se viam vestimentas e rostos que não eram e sim eram dali, gente cozinhando nas ruas com vegetais do Leste asiático ou *tortillas*, lojas com nomes que evocavam vulcões do México ou a Virgem de Copacabana.

Essas redes transnacionais começavam quando as corporações transferiam operários e técnicos, com ajuda de traficantes de refugiados. A concorrência entre as economias legal e ilegal acumulava o caos e o propagava. Acrescentou fotos, que havia tirado no dia anterior, de centenas de bancas de ambulantes instalados nas calçadas, da aglomeração do trânsito que o impediu de chegar à sessão do congresso.

Sabia que muitos esperavam que contasse a experiência chinesa. Lembrou que, desde que a contaminação havia subido o limite admissível de cento e cinquenta para setecentos microgramas por metro cúbico, havia deixado de ir à escola por semanas. Saíam na rua com máscaras, as fábricas deixaram de produzir durante dois meses para tornar possível as Olimpíadas de 2008 em Beijing e Xangai.

Percebeu que nas primeiras filas, as únicas nas quais chegavam as luzes que o iluminavam no pódio, seguiam seu relato com atenção. O resto das poltronas era um enigma negro. Disse que isso era parecido com o que acontecia com muitos arquitetos ou antropólogos: viam a casa ou o edifício e seu entorno imediato ou, nas etnografias, a vida de famílias e o bairro. Era preciso iluminar tudo e ver o conjunto em suas diferentes escalas, os partidos políticos, as permissões irresponsáveis a carros velhos ou a gigantescos empreendimentos imobiliários, as astúcias cotidianas que tornavam cúmplices aqueles que cuidavam das normas e aqueles que as transgrediam.

Advertiu que cada cidade devia procurar se reorganizar de acordo com sua história, e talvez não servisse imitar a decisão dos prefeitos de Beijing quando sorteavam aqueles que desejavam comprar carros. Já não se proibia ter mais de um filho, mas sim mais de um carro por família.

— Vocês sabem que em Xangai acaba de ser instalado um Airbnb de estacionamentos na rua? A pessoa deve prever com pelo menos sete dias de antecedência que na quarta-feira da semana seguinte precisará estacionar na rua tal, das duas às seis da tarde, e essa empresa separa o lugar, por dois ienes a hora. Para promover o programa levomeuvizinho.com, o Airbnb escolhe os cidadãos mais solidários e os premia com "alojamento veicular grátis" durante dois dias.

Depois de sua conferência, veio o debate. Um urbanista contou que um dia, viajando pelo quarto andar do periférico[3] da Cidade do México, de onde já não se viam montanhas nem vulcões, só luzes na densa neblina, perguntou-se a que aspiravam aqueles que imaginaram sair dos engarrafamentos da terra inventando mais andares nos viadutos e, desde 2022, quinto andares chamados *roof garden*, centros comerciais que imitavam obscenamente o *High Line* nova-iorquino, teleféricos para comunicar as zonas de elite, como Polanco e Santa Fe, ou diminuir a irritação dos residentes nos morros. Em parte, era fugir para outro nível, para uma cidade que durante cinco anos seria diferente: apenas uns cinco anos, como aconteceu com o video game Second Life. Talvez

[3] Importante via da capital mexicana, que tem alguns andares e atravessa diversos municípios. Em 2016, a prefeitura inaugurou jardins verticais nas mais de setecentas colunas do complexo viário. (N. T.)

fosse útil estudar como imaginavam o que deixavam lá embaixo. O que o arqueólogo chinês pensava sobre isso?

Respondeu que estava havia poucos dias na Cidade do México e a conhecia apenas pelos estudos que tinha lido. Não pretendia dar soluções, e sim compreender os imaginários. Por exemplo, como se vinculam as noções arquitetônica e antropológica de densidade para captar outros movimentos das cidades, invisíveis para aqueles que planificam. O debate urbanístico sobre a densidade urbana, disse, está dedicado à densidade edilícia: o que ganhamos e o que perdemos ao construir mais edifícios de moradias, escritórios e centros comerciais em zonas hiperpovoadas. Se escutarmos os movimentos de resistência da vizinhança, os que se opõem à multiplicação de torres, alguns o fazem em nome da escala em que se habituaram a viver, outros querem deter o colapso. Cada um fantasia por voracidade ou por medo. Se procuro cifras e documentos, é para não me perder quando os imaginários deliram.

Continuou detalhando que, na China, alguns antropólogos estudavam a densificação de experiências nos distintos modos de viajar. Fazer uma parte do percurso de carro ou compartilhando um vagão do metrô, outro trecho como ciclista, deslizando entre ônibus e carros e, talvez à noite, para dar uma aliviada, caminhar, caminhar. A densidade de experiências relativiza as estatísticas. A pergunta não é só *quantos* viajam de metrô, ônibus ou carro particular. É preciso olhar *como* e *quando* se viaja, que experiências impulsionam a morar numa ou noutra região da metrópole: com base em que possam escolher melhor o horário para fazer compras, a escola na qual matricularão seus filhos, se vão levá-los em seu próprio carro e depois irão para o trabalho de transporte público ou compartilhado.

Depois um brasileiro apresentou sua comunicação. Mostrou a necessidade de incluir, nas mudanças urbanas, o acesso de setores pobres a novos consumos, que transtornou a circulação por São Paulo, Recife e Salvador, na Bahia. Contou como haviam se esgotado as políticas urbanas que impulsionaram orçamentos participativos. Somente por poucos anos a cidade falou, tornou-se visível. Aumentou a sensibilidade social para gerir a organização de bairro, a saúde pública e os resíduos. Mas não previram, disse, as mudanças que diminuir o desemprego e subir o consumo trariam.

Por que em junho de 2013 as explosões sociais se centraram na demanda do Passe Livre? As mudanças na mobilidade, sem investimentos adequados em infraestruturas, sugeriam uma explicação. Em 2001, o número de carros em doze metrópoles brasileiras era de onze milhões e meio; em 2011, subiu para vinte milhões e meio. No mesmo período e nas mesmas cidades, o número de motos passou de quatro milhões e meio para dezoito milhões e trezentos mil. Em que pese o barulho das conversas do público, acreditou entender que os carros imobilizados, os acidentes das motos, a contaminação irrespirável deviam-se à política de emprego e ao aumento da capacidade de consumo enquanto se priorizava, ao mesmo tempo, o transporte individual.

Dava cifras como quem vai abrindo portas, enquanto anunciava o que teria que ser feito. Mas gostou de que duvidasse de como organizar espaços construídos com outros fins. Faltava-lhe se dar conta dos fracassos, e o arqueólogo se lembrou do que as máfias haviam conseguido nas cidades chinesas. Se era brasileiro, como podia deixar de mencionar as Olimpíadas e o Campeonato Mundial de Futebol? Os megaeventos e meganegócios não podem ocorrer sem megaprotestos.

Alguém perguntou: por que esses protestos não duram? É porque os Estados nacionais perderam a capacidade de responder, de decidir, ou porque mudou a organização social? Não só formam redes para se informar e denunciar, como se apresentam como equivalentes das nações? Nas Olimpíadas de 2024, vimos desfilar as delegações do Facebook, do Twitter e do Instagram. Não ganharam tantas medalhas como a China, o Japão ou os Estados Unidos, mas na transmissão e no streaming diferido tiveram mais seguidores que as corporações televisivas.

As políticas de imobilidade, comentava um mexicano, de fuga para quarto andares, para teleféricos e helicópteros para minorias, haviam levado a repetir em cidades de vários países o mesmo recurso aplicado pelo governo brasileiro. O que uma política cega com relação ao núcleo do problema pode fazer com a imobilidade? Militarizá-la.

Um grupo de jovens se aproximou, ao final da sessão, para lhe perguntar como estavam sendo revertidas as relações entre Oriente e Ocidente. O crescimento do desemprego estava agravando a tal ponto o mal-estar entre as sociedades europeias que vários governos criaram programas atrativos para transferir para a Alemanha, a Espanha e a Itália indústrias que quarenta anos antes haviam abandonado esses países para se instalar na Índia, na China e na Coreia.

— É isso — respondeu o arqueólogo. — Migrantes ocidentais nostálgicos e seus filhos quiseram recuperar suas histórias originárias, ou se sentiram responsáveis por ajudar os avós europeus incapazes de assumir as rendas e os gastos médicos. Foi relativamente simples para a Petrochina, a Toyota, o Alibaba e a Samsung deslocar seus escritórios e sedes produtivas para o centro e o leste da Europa.

"Por sua vez, nas grandes cidades chinesas e indianas, os protestos por causa da contaminação tornaram necessário fechar fábricas de aço, carvão e cimento, e reduzir a densidade populacional. A transferência de empresas para a Europa não produzia perdas porque, no Ocidente, as corporações asiáticas controlavam as fábricas de autopartes ou eletrodomésticos e as redes de lojas onde se vendiam alimentos e roupa. Os milhões de refugiados árabes chegados na Europa ofereciam mão de obra barata, disponível, que alguns planos sociais e educativos haviam capacitado."

O prazer desses diálogos se chocava com o incômodo que o arqueólogo sentia ante a fria distância daqueles que faziam as críticas. Disseram-lhe que muito poucos arquitetos argentinos vivem em Puerto Madero ou mexicanos em Santa Fe. Talvez por isso, explicou-lhe um antropólogo, não sabem como as crianças experimentam esses espaços ou os avós, que, quando não precisavam de alguém que cuidasse deles, moravam em bairros com praças, caminhavam nas ruas e paravam nos cafés. Disso, não se falava.

A vida cotidiana só se mostrava nos jogos de sedução dos almoços e jantares. Ele também havia feito isso em vários congressos, mas a sensualidade desses relatos não aparecia nas exibições de projetos, nem nos debates teóricos às vezes apaixonados. As mudanças de época eram aceitas sem assombro, como ocasião para se adaptar: o que entendia por "levar em conta as experiências dos usuários" o arquiteto que interveio para dizer que os apartamentos de classes média e alta, além de quarto de empregada doméstica, deviam incluir um quarto para o guarda-costas?

Começou a escrever para Elena, contando-lhe em frases truncadas como exigia continuar, ao mesmo tempo, o debate. Cidades transformadas, em todos os continentes, em acampamentos de populações levadas e traídas, laboratórios da informalidade globalizada, onde convivem bairros estilizados junto a aglomerações nas quais ignoramos como se entende e se...

Quando estava nessa frase, entrou uma mensagem do pai do arqueólogo. Deixou para ler depois, mas não pôde afastar a imagem dele, com quem havia tido discussões sobre o que fazia como engenheiro ao construir bairros de multifamiliares para dezenas de milhares de migrantes camponeses aos quais era preciso alojar rapidamente em Xangai. O que menos queria era sua irrupção nesse congresso. Mas se lembrou que o havia convidado a visitá-lo em Buenos Aires e queria saber se a data era boa, então finalmente se decidiu a ler o e-mail. Não dizia nada. Só que uma amiga e seu marido iriam para a Argentina, e lhe enviaria, com eles, brotos de bambu.

Deixou de escrever para Elena e propôs ao grupo de jovens com quem havia conversado sair para tomar um café. Queria caminhar. Sugeriram ir pela Reforma até algum lugar da Condesa. A ampla avenida, agora tomada por uma gigantesca manifestação, não era o melhor espaço para *desengentarse*[4] do congresso, essa expressão mexicana que havia descoberto no dia anterior. Pegaram ruas secundárias, onde a parte de trás dos edifícios corporativos alternava com casas tomadas por *okupas* e comércios que haviam tido certo orgulho arquitetônico e acabaram, segundo lhe explicavam, em refúgios de habitantes e comerciantes agrupados na Assembleia de Bairros. Como em zonas centrais de Buenos Aires, como nas favelas junto aos magnos hotéis do Rio, no México a gentrificação e a pauperização são vizinhas. A chuva desanimou a chegar até a Condesa, e escolheram uma cafeteria onde uma TV estava ligada, mas sem som: podia-se conversar.

Contaram histórias semelhantes sobre várias megacidades. O caminhar lento dos bairros gentrificados. Os de mais idade disseram que já poucos descansam nas mesas dos bares com terraço, as experiências de cidade correm entre túneis do metrô, comer parado no quiosque de alguma esquina, esperar o *Metrobus*[5] até que chegue um com lugares livres, responder e-mails, talvez ler ou escutar música na rede sociotécnica. Como contou uma arquiteta mexicana, antes os vizinhos se encontravam no pátio; agora, no elevador ou no estacionamento.

Um casal de arquitetos, por volta dos trinta anos, era o que melhor representava o tom dessa conversa, diferente dos dois estilos que prevaleciam no congresso: o dos arquitetos no meio da carreira, ansiosos

---

[4] Isolar-se, dar um tempo. (N. T.)
[5] Sistema de transporte de ônibus que atende a Cidade do México e opera desde 2015, fazendo a ligação entre estações do metrô. (N. T.)

por entusiasmar o auditório com seus edifícios e parques inovadores ou sustentáveis, com audácias tecnológicas, ou o dos de mais idade, que haviam perseguido a mesma coisa e agora, receosos com a arquitetura autoral, proclamavam sua adesão ao entorno e ao redesenho de assentamentos informais. Formados com Alejandro Aravena, esses jovens chilenos não se sentiam comprometidos com nenhuma missão, falavam com a alegria curiosa daqueles que construíam enquanto averiguavam como refazer sua profissão na sociedade mais do que no sindicato.

Não queriam deixar de viver numa grande cidade, mas citavam Aravena para dizer que as cidades, mais do que acumulação de casas, são concentração de oportunidades de trabalhar, se educar e se divertir. Discutiram que a questão não era a densidade de edifícios, e sim de carros com um só passageiro. Com transporte coletivo eficiente, ninguém deveria gastar mais de quarenta minutos para ir de um lugar a outro.

Pegaram o metrô para evitar a chuva e voltaram para o congresso. Foram se sentando separados nos assentos que estavam livres. Tirou o livro que lhe haviam entregado no hotel. Encontrou, logo de início, uma tese que o surpreendeu: a partir do que um autor italiano, Diego Gambetta, demonstrava a máfia siciliana como uma empresa especializada na venda de proteção privada, mostrava-se que o Estado e as máfias estavam associados na Argentina porque comercializavam essa mesma mercadoria. Os governos, sobretudo através de policiais e políticos locais, vendem um tipo de amparo que consiste na suspensão temporária do Estado de direito. Bloqueiam a aplicação de leis — o automobilista que faz um "aporte" à delegacia, autorizações para construir edifícios mais altos do que os permitidos ou pistas de aterrissagem clandestinas —, aumentando a insegurança. As máfias dividem o território com a polícia, oferecendo proteção onde a ação estatal não dá, e assim os poderes dos criminosos e das instituições se entrelaçam.

Avisaram-lhe que estavam chegando na estação onde deviam descer. A leitura teve uma interrupção brusca, como a do metrô que freou de repente, fazendo bambolear os passageiros que viajavam de pé.

Entrou no congresso e ouviu outra lógica: propostas urbanísticas e materiais literários. Nem tudo era discurso de investidores ou planificadores, aquele que Ash Amin descrevia como "urbanismo telescópico" — incrustar edifícios de grande escala em bairros íntimos ou transformar esses bairros em shoppings.

Outros diziam: entre a fúria investidora e a melancolia dos imaginários retrô nos grafites e nas manifestações de protesto, deslizam economias de cooperação, usos criativos de avanços tecnológicos, táticas informais para construir poderes sem utopia, um urbanismo de emergência. Não faltava informação dessas intervenções participativas de artistas. "Acupuntura", "catalisadores urbanos", como às vezes eram chamados. O que significavam esses "intracidadãos", ativistas de "cidades que já não se planejam"?

Mundo estândar, marcas intercambiáveis vendidas com um plus local, valores simbólicos agregados como se fossem experiências, escreveu o arqueólogo em seu diário. Pensou que essa reunião ecumênica de passados colecionados e futuros intimidadores, embora se anuncie como museu, perfila-se como uma venda de garagem. As promessas de novas cidades juntam formas demais de segunda mão ou terceiro mundo.

Cansou-se de voltar a ouvir propostas sem que se esclarecesse a quem beneficiou desvalorizar as ideias de projeto e cidade. Os que assistiam ao congresso se dividiam. Às vezes — chamou-lhe a atenção — o pêndulo entre posições se achava num mesmo autor, como mostrava um discípulo de Rem Koolhaas, que descreveu a "agitação retórica" da arquitetura sem urbanismo como "espaço lixo". "Não há forma, só proliferação", como o movimento vertiginoso das câmeras de televisão penduradas pela grua — "uma águia sem bico nem garras" —, que traga imagens confusas nos estúdios de televisão monumentais (pensou: como o da TV chinesa que ele construiu em Beijing, quase sempre invisível pela contaminação). Continuava falando sobre o "final do espaço perspectivo", no qual "gesticulam inutilmente apresentadores" robóticos. Mas em outros momentos, dizia o discípulo, com orgulho, como se fosse o primeiro a quem ocorresse essa frase, Koolhaas resistia ao caos e chamava a fracassar uma vez ou outra.

Decidiu ir embora. Uma névoa espessa, como a que costuma envolver o edifício da televisão chinesa, rodeava a pergunta do arqueólogo de se ainda havia tempo para optar entre o espaço lixo com pretendidas ilhas inteligentes e outras ideias de cidade.

Em várias paredes, viu grafites com frases que não conhecia — "Celebro o que seja que aconteça depois", "Depois da revolução, quem vai tirar o lixo na segunda-feira de manhã?" —, e outros que lhe pareciam ter lido em manifestos artísticos: que movimento havia dito "Encontrem um iPhone que boceje"? Duas frases estavam assinadas por *Sures*. Acreditou lembrar que alguém lhe contou sobre aqueles que, nos primórdios da globalização, propunham falar a partir do Sul, dos muitos suis.

Deixou-se ir por Reforma, agora sem manifestantes. No chão, restavam folhas amassadas com as reivindicações que haviam feito marchar:

> *nem um feminic mais!*
> *Trabal para os que queremos ficar.*
> *Não aceitam tramp só por migal.*

Ruínas com futuro?

# DIÁRIO DE CAMPO, 3

Me convidaram, de uma agência de marketing, para assessorar uma enquete sobre chineses no México e no Peru, com um pagamento que me permitirá viajar, talvez para Oaxaca. Vou ficar alguns dias a mais. Querem que os ajude a esboçar o questionário que aplicarão aos chineses e aos nativos desses países sobre os estereótipos com que se olham.

Estou surpreso com as mudanças nas enquetes. Eliminaram perguntas sobre nacionalidade, ocupação, família, gostos de consumo e opiniões políticas porque esses dados já são capturados na Central Internacional de Algoritmos. Estão testando novas técnicas para conhecer processos, desvios, alianças que não se revelam na internet. Sentem ser indispensável, por exemplo, perguntar:

— O senhor mudou de sexo, religião ou time de futebol?

Só um sociólogo de idade, vestido como os jovens, que antes na China também chamavam de hipsters, defendia que não devemos formular as mesmas perguntas para chineses, mexicanos ou peruanos. Cada grupo entende de maneira diferente, explicava, o que é se integrar: vale mais o reconhecimento econômico, falar castelhano ou que as associações chinesas se adaptem à ordem jurídica do novo país? Uma mulher dizia que importava sim se os estrangeiros se casavam com os nativos ou se convidavam figuras públicas do novo país para suas festas comunitárias. Alguém lembrou que devíamos perguntar se falam em chinês entre eles quando estão diante de outros.

As perguntas com as quais se pretende averiguar o que acontece estão formatadas por visões ingênuas. De pouco serve que as associações chinesas no México e no Peru paguem viagens de jornalistas, pesquisadores e políticos desses países a Beijing, Hangzhou e Qingtian para que compreendam os costumes e as formas de se organizar. Não conseguem captar as diferenças entre as noções de fusão social e *shehui ronghe*.

A indiferença diante das normas nas democracias ocidentais complica tudo: quais seriam as formas corretas de combinar créditos bancários, empréstimos entre compatriotas e lavagem de dinheiro? Não é fácil distinguir o uso de armas e a aprendizagem de artes marciais.

Ofereceram me contratar para ministrar uma matéria na escola da agência que os ajude a trabalhar com os mal-entendidos entre culturas. Posso me imaginar dando aulas sobre como traduzir, não só frases como também hábitos de diferentes culturas. Mas as pontes que fazem entre os sentimentos dos consumidores e as regras do marketing me dão vertigem. Vi que uma das matérias se chamava: Você é um dado num algoritmo e as empresas querem você.

Ao olhar o programa dessa matéria, encontrei uma história dos fracassos e recomeços das indústrias da atenção: desde como as emissoras e as redes haviam captado e revendido a atenção humana aos anunciantes até como os usuários bloquearam a publicidade. Então mudaram as maneiras de promover seus produtos. Personalizar as mensagens foi útil por um tempo, mas agora ensinam várias técnicas e dizem como alterná-las.

Minha ilusão de fugir da China mudando para essa modernidade confusa vai se desgastando. Também o desejo de me afastar das instituições estudando as experiências cotidianas, seus modos de se narrar na literatura e nas redes. Os marqueteiros acreditam ser possível se desinteressar pelo descalabro político e econômico organizando as experiências em algoritmos. Serve para eles acertarem o que os consumidores gostariam de comprar durante dois ou três meses. Quando se sentem potentes para detectar crenças e gostos, para influenciar os comportamentos futuros, me lembram Hitler convencendo os alemães de que ele podia (o que fosse) porque havia aprendido nas trincheiras o que não ensinavam na universidade. Como os empresários fraudulentos: conseguem que votem neles aqueles que compram suas promessas de que nas fábricas e nas bolsas compreenderam o que os políticos e economistas ignoravam.

Na China, fiquei alarmado que as saídas imaginadas para o nosso crescimento incontrolável fosse, para alguns, voltar ao confucionismo e, para outros, às tecnorreligiões do Silicon Valley. Um árabe que morou na Califórnia e em Paris contou histórias de como seus amigos fundamentalistas gozavam da pretensão dos estudos de mercado que cruzam signos de atuação social para prever resultados eleitorais. Por exemplo, como descobriram, na França, os engodos da seita Takfir a fim de despistar aqueles que observam as condutas islâmicas para detectar terroristas. Nos cursos em que os imãs os treinam para os atentados, ao mesmo tempo que os radicalizam na mística, ensinam-lhes a não cumprir as regras sagradas: vestir roupa ocidental, beber álcool, escutar música e dançar, ver televisão e consumir porco. Integram-se ao Ocidente para escapar do radar.

Se essa agência mantém contratadas umas quarenta pessoas, não é por que espera que diagnostiquem melhor que um robô quando registra não só os comportamentos declarados pelas pessoas pesquisadas mas também seus pequenos gestos faciais, as mensagens criptografadas, as histórias clínicas que os hospitais vendem ou lhes hackeiam?

Estou escrevendo este diário à mão, para que ninguém capte experiências que desejo manter minhas. Por exemplo, a razão que me fez decidir a não aceitar a vaga que me ofereceram nesta agência. Soube que haviam matado o pesquisador que ocupava esse cargo porque também trabalhava anônimo numa organização de jornalistas dedicada a informar assassinatos do narcotráfico e do governo. Quando os homicídios de jornalistas no México chegaram a duzentos e cinquenta em dez anos, aqueles que escreviam sobre esses assuntos deixaram de assinar. A mesma pessoa que escondia seu nome para poder falar, sustentava sua família espionando, nesta empresa, gostos e opiniões de consumidores.

Não quero me dedicar a aperfeiçoar pautas matemáticas nem pistas para suspeitar. Me atrai a penumbra que envolve as minhas decisões. Se acredito em alguma coisa é que o Google não pode descobrir, nem cruzando todos meus e-mails, minhas conversas espionadas, as vacilações dos meus relatórios de arqueólogo que vão se tornando de antropólogo, em que país vou viver ou como continuará a minha relação com Elena.

# A CHINA NÃO CONHECE A ÉPICA

Quando voltei para Buenos Aires, Elena me disse que havia esperado para ver uma exposição de Goya porque queria que fôssemos juntos.

Vi muita arte ocidental em sedes de corporações chinesas e japonesas. Os diretores de museus e os colecionadores asiáticos visitam, a cada ano, as feiras da Basileia, Londres e Miami. Agora, para ver vanguardas ocidentais também é preciso viajar a Xangai, Abu Dhabi e sobretudo ir aos leilões de Hong Kong, que já faz três anos que vêm desbancando Londres e Nova York como líderes do mercado mundial. Com o desinvestimento dos Estados latino-americanos e europeus em ciência e cultura, alguns museus fecharam as portas e enormes arquivos e bibliotecas foram tirados da região.

Eu havia pensado que teria de ir a Hong Kong para consultar documentos sobre artistas como Gabriel Orozco, Teresa Margolles e Andy Warhol. Mas de Goya, só havia ouvido falar. Embora agora que começava a ver suas imagens estivesse quase seguro de haver conhecido obras dele ao escavar adegas subterrâneas onde um curador de Beijing fabricava reproduções de porcelanas da dinastia Ming que trocava por pinturas espanholas e holandesas.

— Viveu em fins do século XVIII e início do XIX, mas é de uma contemporaneidade estarrecedora — Elena me disse.

Demorei a perceber que esses desenhos traçavam de maneira singular os movimentos dos corpos. Sua beleza estava em mostrar ao mesmo tempo a impotência e a crueldade das vítimas. Porque todos parecem vítimas. Quem pode dizer o que há por trás de *Bruxas, máscaras e caricaturas*?

Aproximei-me da ficha e a explicação me desconcertou mais ainda. Pintou reis, cristos e aderiu a seus amigos que confiavam na racionalidade ilustrada para acabar com a exploração. O anúncio de sua primeira exposição dos *Caprichos*, em 1799, prometia a crítica a "embustes vulgares, autorizados pelo costume, a ignorância e o interesse". Mas também se opunha à "multidão de extravagâncias e desacertos que são comuns em toda sociedade civil".

A ficha que acompanha o *Capricho 24* — uma multidão que se alegra ao ver um homem condenado pela Inquisição — traz um parágrafo de Tzvetan Todorov: "Os risos são caretas, os rostos são caricaturas, e o povo não é mais que populacho"... "Os pobres não são melhores que os ricos, nem as mulheres que os homens." É verdade, há prostitutas, velhas alcoviteiras tão desconfiáveis quanto os homens. "E entre eles *A maja desnuda*, não uma Vênus nem uma odalisca", diz Todorov, "uma mulher do seu tempo que crava o olhar no pintor e naqueles que a olhamos."

— Às vezes — digo para Elena — me parece que ele queria se desligar dos setores populares.

— Não sei — me responde. — Para mim, ele teve uma sensibilidade fina tanto com os setores altos quanto com os de baixo. Vê a todos com uma ironia que se mostra no desacordo entre as cenas e os títulos. Por seu erotismo minucioso, custa aceitar sua declaração de que as relações entre homens e mulheres são uma comédia sexual. A legenda "Quem poderia acreditar!" no *Capricho 62* — duas bruxas nuas que lutam enquanto caem num abismo, entre dois animais — me faz pensar num mundo que gostaria de imaginar diferente, livre de bestialidade e feitiços.

"Olha esta — me diz. — 'Onde a mamãe vai?', 'Boa viagem', podem ser frases amáveis para dissimular conflitos sociais, mas as imagens levam a gestos de preocupação pelos outros no meio das perturbações noturnas. 'O sonho da razão produz monstros' é como dizer: nós, que nos chamamos ilustrados, somos capazes de não gerar mais dor? Ataquemos as convenções e a hipocrisia, mas com este povo, inventaremos outra sociedade?"

— É verdade. Seu sarcasmo é diferente do dos dissidentes do meu país, salvo os realistas cínicos, que atacam as elites e são céticos sobre os setores populares.

— Na literatura e na pintura argentina há aqueles que também abriram olhares não complacentes nem de desdém para com a cultura popular, como Roberto Arlt e Antonio Berni.

— Ou Rulfo, no México.

— Mas Goya se adiantou a todos.

Saímos para o pátio do museu e ficamos um tempo em silêncio. Passei o braço pelo ombro de Elena e ficamos por uns minutos admirando o passar arrebatado dos carros pela avenida. Contrastava com o modo que as árvores têm, na primavera, de afirmar sua permanência.

— Sabe que essa descoberta de Goya se junta a algo que eu ainda não te contei? Acabo de perceber: não só vendem arte europeia a países asiáticos como oferecem povos espanhóis, italianos e do sul da França. Ao abrir a página aldeiasabandonadas.com, vi que uns três mil vilarejos da Espanha foram comprados por investidores árabes e chineses. De fato, pedi uma ampliação dos meus fundos ao Conselho de Pesquisas da China para viajar uns meses para a Espanha, mas como a recusaram, estou dando aulas de mandarim em Buenos Aires e assessorando empresários argentinos e chilenos que não entendem a lógica de negociação dos empreendedores asiáticos. Para os latino-americanos, é mais fácil negociar com a Índia, porque o sânscrito tem parentesco com as línguas ocidentais, quase tanto quanto o árabe. A China exige um estranhamento maior.

Deixamos o museu e fomos caminhando em direção ao rio. Era como se a luz ensolarada, um grupo de adolescentes correndo, pais e crianças deslizando rumo ao final da tarde, parando nas vitrines das lojas, lembrassem que há modos diferentes dos de Goya de iluminar a cidade. Elena e eu nos deixamos levar por essa ondulação e, sem me dar conta, meu relato ia ganhando outro tom.

Contei para Elena a tensão que sentia ao dar aulas de budismo e de história chinesa. Meus alunos queriam acrescentar esses conhecimentos como simples dados ao seu modo de pensar. O que a cultura chinesa requer é desarraigar-se dos saberes próprios, interrogar as evidências que nos sustentam. Tomei então uma noção central para os empresários: a de eficácia. No Ocidente, para ser eficaz se constrói um modelo daquilo sobre o que se quer agir: uma economia, uma organização política, um sistema artístico. Depois, traça-se um plano e se opera de acordo com o objetivo buscado. Desde o Renascimento os europeus se dedicaram a conhecer a natureza, matematizar esse conhecimento e transformá-la, orientados por esse modelo.

Me serviu o que François Jullien anota sobre os limites dessa modelização. Os chineses, diz ele, pensam estrategicamente não a partir do saber científico, e sim a partir da guerra, esse trato com o imprevisto. Não procuram adaptar um modelo, e sim captar o "potencial de cada situação", os "fatores facilitadores", "encontrar a ladeira" por onde as tropas correm como a água. Não se planifica a guerra, vai se fazendo ao avaliar cada cenário, detectando que condições nos favorecem e ir tratando de incrementá-las. A eficácia chinesa opera de maneira indireta e discreta. Por isso, afirma Jullien, a China é a única grande civilização que não conheceu a epopeia. Os relatos épicos ocidentais magnificam a ação de um sujeito excepcional. Os chineses, ao contrário, movem-se sigilosos: em vez de impor uma vontade solitária, leem os pequenos movimentos para colher frutos a longo prazo.

— Tive um professor que morou na China e dizia que vocês, mais do que a eficácia, buscam a eficiência. Nunca me ficou de todo clara a diferença e às vezes as misturo.

— A eficiência, para nós, é essa maneira mesurada de agir, atenta às transformações silenciosas, não aos acontecimentos. A eficácia nos parece espetacular, pomposa; somos eficientes ao captar uma mudança e seguir seu ritmo, nos deixar conduzir. Por isso a política histérica do Trump fracassou quando quis provocar a guerra ao governo chinês.

— As coisas ainda continuam assim no seu país? — perguntou Elena. — O que milhares de estudantes chineses vêm buscar nas universidades ocidentais? Por acaso agora não estão produzindo séries e video games épicos nos estúdios de Xangai?

— Os estudantes vêm para aprender inglês, buscar títulos de universidades prestigiosas e um saber diferente sobre administração de empresas e comércio. Também para estudar ciências pouco desenvolvidas na China. Muitos, como eu, para viver em sociedades menos tuteladas. O governo chinês facilita com bolsas e convênios internacionais a saída de estudantes e profissionais jovens por muitas razões: os que retornam (mais ou menos a metade) melhoram a ciência, a tecnologia chinesa e nosso comércio internacional; também convém ao país que uma parte fique fora para reduzir a pressão de aspirantes às universidades e aos trabalhos qualificados, que se virem procurando oportunidades na Europa e nos Estados Unidos. Além disso, beneficiam, com as remessas que enviam, os familiares que continuam em suas cidades de origem. Das séries e video games vi pouco, mas acredito que nós, chineses, estamos longe das ideias abstratas de liberdade individual e heroísmo que as séries e os filmes ocidentais relatam.

— No entanto, muitos chineses veem essas séries e filmes.

— Mas me interessa entender como agem quando as comercializam no Ocidente. Não são obcecados em acelerar os lucros, tampouco nosso sistema bancário arrisca as economias da população ao investi-los internacionalmente sem controle do Estado. No entanto, a sua pergunta também é a minha: para onde está mudando a coerência da nação chinesa ao adotar os jogos do capitalismo ocidental?

Elena ficou calada e me pareceu que estava pensando para onde a nossa relação se movia. Quase podia escutá-la se perguntar qual será a estratégia desse chinês.

(Na realidade, Elena sentia que estava como que esperando que a situação viesse buscá-la. Disse para si mesma que não sabia se ao agir assim repetia o papel da mulher que aguarda a iniciativa do homem ou estava aprendendo com os chineses a não forçar os tempos, aguentar a propensão dos fatos e, no momento certo, colher os frutos. Riu às gargalhadas, para dentro, que lhe passasse pela cabeça que essa fosse a disjuntiva, e o que mostrou, discreta, foi um sorriso cativante.)

Fomos jantar e brincamos de imaginar perguntas para pesquisas de marketing. Até inventamos palavras. Dissemos do quanto gostamos, os dois, de ser desobedientes com a língua, *nos deliciarmos*, acrescentou Elena, esclarecendo (caso meu conhecimento de espanhol não desse conta) que assim se diz em português. Não demoramos em sair para a rua e procurar essa linguagem que vai pelas partes mais sensíveis da cintura e do pescoço, onde a voz já não é necessária.

# ALDEIASABANDONADAS.COM

Ao chegar ao castelo do País Basco, um confortável imóvel de sete andares, salões com lareiras, biblioteca, adega e masmorra, onde recentemente havia se instalado a sede ibero-americana do Centro Chinês de Pesquisas sobre o Ocidente, soube que esse esplêndido edifício do século XIII foi remodelado no século XIV pela família Butrón, seguindo o estilo dos castelos bávaros, no século XIX pelo Marquês de Cubas, no início do século XXI pelo Banco espanhol, que o pôs à venda e, finalmente, por empresários chineses que fracassaram em sua tentativa de torná-lo atração turística para celebrar casamentos e feiras medievais. Era uma cenografia incitante para repensar a noção de patrimônio da humanidade, que a Unesco havia conferido a esse edifício.

Olhou as paredes medievais. Seu treinamento como arqueólogo não era suficiente para detectar tantas camadas de intervenções. Pareceram-lhe mais extravagantes que nunca as palavras que os especialistas unesquianos continuavam utilizando para justificar como patrimônio da humanidade bens tão heterogêneos como Tiwanaku, na Bolívia, as cavernas de Altamira, a cidade de Brasília ou a gastronomia mexicana: "seu valor universal excepcional".

Havia perguntado ao diretor da Unesco em Beijing, que, pouco depois daquela discussão, renunciou:

— Excepcionais em relação a quê? E como conseguir que sejam valorizadas por todas as culturas? Ocidentais e orientais, de elites e populares, de nações ricas (com mais recursos e pessoal qualificado para construir e preservar seus edifícios) e de nações pobres (sem instituições para guardar sua memória ou saqueadas nas guerras)?

— Vou te dizer a verdade: cada ano temos menos claro quem influencia mais para conseguir que certos patrimônios locais sejam consagrados como orgulho da humanidade: a acumulação econômica, o poder interpretativo dos especialistas ou a difusão midiática?

Lembrou-se então daquele passeio em 2009, quando tinha dezessete anos e seu pai o levou para conhecer a Grande Muralha. Havia chamado sua atenção a sóbria placa de dois metros por um e meio com a distinção da Unesco: contrastava com o gigantesco cartaz, com data de 2008 e afixado mais acima, num dos montes por onde o muro passa, com o logo das Olimpíadas celebradas naquele ano na China: "One world, one dream".

Em seus estudos arqueológicos, havia aprendido que as velhas narrativas foram inventadas para justificar a superioridade de cada povo. Agora insistem em que todos tenhamos um mesmo sonho. Justamente quando cada fronteira erguida e vigiada com muros se encheu de câmeras filmadoras, como na da China.

"Em vez de estetizar culturas tão diversas", escreveu o arqueólogo em seu diário, "seria preciso estudar o que chamam de patrimônio, e suas variações em cada época, como modos de guardar as respostas que as sociedades foram se dando. Em compensação, a literatura", anotou, "seria o que uma sociedade faz com aquilo para o que não encontra respostas: o instável, o que viaja e se modifica, o que não consolida um significado socialmente compartilhado. Como narrar essas experiências? Já sabia como contá-las ao Conselho de Pesquisas da China em seus relatórios. A dúvida era como dizê-las para os leitores."

Havia recebido de um aluno um exemplo de até onde pode nos abismar a pretensão de catalogar, gravar e filmar o patrimônio da humanidade, no dia seguinte de uma aula que deu em Xangai sobre esse assunto. "Professor: o senhor nos disse que as políticas patrimoniais costumam ser políticas da nostalgia. Encontrei num livro de David Lowenthal uma referência a um *Projeto para a paisagem sonora mundial*, iniciado pelo músico R. Murray Schafer, em Vancouver, que se estendeu até a Europa e o Japão, para registrar sons em vias de desaparecimento: o ruído de velhas caixas registradoras, o som de esfregar nas tábuas de lavar, o da navalha de barbear, o dos moinhos de café manuais, o barulho dos latões de leite batendo sobre carroças puxadas por cavalos, o som metálico de portas que se fecham, o das sinetas de mão da escola e o das cadeiras de balanço sobre pisos de madeira. Acha que algo se perde ao passar esses sons para um suporte magnético ou digitalizá-los?"

Havia chamado a atenção do arqueólogo que a criação de museus tivesse parado na Espanha e na França. Influíam a decadência dessas economias e as políticas de austeridade que não permitiam gigantescos investimentos. Mas, sobretudo, os recursos para afirmar a diversidade haviam se reorientado: agora se dedicavam a combater o jihadismo, controlar os deslocamentos de estrangeiros e a comunicação pela internet. A defesa da excepcionalidade da cultura nacional, que no século XX dedicou fundos generosos para promover o cinema francês, foi sendo substituída por festivais globalizados e pela exaltação nacionalista de acontecimentos esportivos, como as Olimpíadas. Até os acontecimentos trágicos eram usados a fim de reinventar um lugar focal para as cidades francesas.

Lia nos arquivos do castelo do País Basco como o governo de François Hollande havia conduzido, em 2015, o atentado contra a revista *Charlie Hebdo*, as manifestações de protesto e a solidariedade internacional. Anos antes, já haviam estourado atos terroristas de grupos islâmicos em Madri, Londres e outras cidades europeias, mas o que aconteceu em Paris — além de convocar quase quatro milhões de pessoas em território francês — reuniu líderes de primeiro nível da Europa, África e Oriente

Próximo. "Paris é hoje a capital do mundo", proclamou Hollande. Os jornais traziam manchetes como "Paris, a civilização frente à barbárie" ao informar sobre a resposta massiva ao assassinato de dezessete pessoas (desenhistas, jornalistas, policiais e jovens judeus numa loja kosher). O arqueólogo se espantava com o uso midiático da polaridade entre um Ocidente são e os *outros*, bárbaros.

Passaram-se vários anos para que a repetição e a crueldade dos ataques islâmicos levassem a perguntar se era possível falar de outros massacres e compará-los com Hitler. Custou referir-se aos arrasamentos bélicos de países ocidentais e à Rússia no Iraque, a Síria e o terror nas populações muçulmanas marginalizadas na Europa. Nada diminui o desatino e a crueldade dos ataques em Paris, dizia um dos poucos analistas críticos, mas pode-se passar de condenar a entender, do luto à política, sem decifrar a lógica que anima os outros?

Com os anos, soubemos que os problemas do Oriente Médio na Europa não iam acabar no dia em que existisse uma Palestina independente. Gostaria que Elena estivesse por perto, ela que era judia, mas não sionista, para conversar sobre as políticas do rancor.

Essa soberba dos países e seus líderes — pensou depois — tem seu correlato na importância dos autorretratos na arte ocidental? Caminham juntos, me parece, a distância da natureza com a prepotência perante os outros. Durante séculos, enquanto os ocidentais pintavam sujeitos que se impunham — reis, bispos, imperadores —, na China pintavam paisagens e caligrafias dedicadas ao fluir e à harmonia do natural.

— Mas por que então — havia perguntado Elena, uma vez que falaram disso — se não procuram se impor, nós percebemos a China como ameaça? E mais: quando vocês falam de arte, também são as artes marciais.

— Mas o sentido das nossas artes marciais — respondeu o arqueólogo —, como o da acupuntura e os exercícios respiratórios, é buscar uma fusão pessoal com a natureza, não analisá-la.

Anotou em seu diário:

"Acho que agora estou descobrindo outros modos mais recentes em que os ocidentais se afastam do nosso sentido do sujeito na natureza: as formas pós-modernas de organizar as identidades nos museus (arquitetura transparente, exibição espetacular de objetos sem contexto) e a comunicação pós-digital quando tudo é gerido em redes opacas, telefones e vídeos clandestinos ou em aparatos de inteligência militar. As políticas culturais imaginadas como gestão de bens duráveis, tradições embalsamadas, foram mudando para políticas de comunicação. O que interessa agora é administrar a suspeita. Mas há tantos museus e escritórios na China e no Japão que são templos da suspicácia..."

Para onde levaria esse trabalho de ler e transcrever ou escanear? Fazer perguntas. Depois trocá-las por outras. Procurar em arquivos de escritores, artistas e instituições, anotações sem publicar.

Quando se cansava dos documentos de museus, políticos e editores, tentava ver se seu espanhol dava para captar as revistas de humor de décadas passadas. Sabia que entender as piadas, as inversões de sentidos, é a última etapa na compreensão de uma cultura diferente. Os nomes das revistas já anunciavam esse olhar desviado, a partir de um lugar imprevisto, como *Mongólia*. Por que um grupo de espanhóis havia escolhido um lugar tão longe, nem sequer colonizado pela Espanha nem procurado por seus migrantes desempregados? O pouco que captava o fazia pensar que nada os atraía mais do que aludir ao absurdo, e o dizia o subtítulo do nome: "revista satírica sem mensagem alguma".

Em um número de 2012, encontrou jogos com invasões paradoxais que associou à frase de Barenboim de que Hitler agora estava na sociedade: "O Afeganistão invade os Estados Unidos" com sua tradição de restaurantes de comida rápida, "Os Estados Unidos invadem o Japão" porque depois de seus fracassos no "Vietnã, Irã e Afeganistão, o Departamento de Estado decidiu retornar aos lugares que são acerto seguro". Mas das catorze invasões que provocariam um caos globalizado, a última, a que mais chamou a sua atenção, era que "O México invade o México": "Primeiro foram os traficantes de coca contra os traficantes de maconha. Depois foram os traficantes de maconha contra os traficantes de ópio. Depois foram os traficantes de ópio e de coca contra os de comprimidos. Mais tarde, formou-se a Frente de Liberação dos Comprimidos e da Coca, que semeou o pânico em Ciudad Juárez e, por último, foram os traficantes de policiais, que se enfrentaram com todos os demais".

Depois de uma viagem a Madri para ver mais desenhos de Goya, voltou de ônibus até seu castelo. Seu companheiro de assento lhe perguntou se havia ido a Madri para visitar outros chineses. Respondeu que estivera apenas no Museu do Prado, e seu acompanhante se espantou de que não conhecesse outros chineses na Espanha. Durante uns minutos, repetiu os estereótipos: "Vocês são uma comunidade muito unida", "não procuram se integrar nem aprender nosso idioma", e continuou até confessar que ele não, claro, mas muitos espanhóis viam os chineses como uma máfia.

Por fim se deu conta de que o arqueólogo se interessava mais por olhar pela janela. Nas poucas semanas que estava nessa região, notava o desaparecimento dos cultivos das granjas e das vacas. Junto a cartazes de "Vende-se", repórteres de canais de televisão russos e árabes filmavam as aldeias para fazer publicidade delas em seus países e sobretudo no site juwai.com, onde mais se buscavam ofertas imobiliárias.

Já está na hora de visitar esse vilarejo próximo ao castelo, pensou. Me disseram que os investidores árabes instalaram cassinos, restaurantes e parques temáticos nos quais os turistas podem se exercitar brincando com antigas picaretas, pás e tratores.

Um pesquisador espanhol, de origem chinesa, também bolsista nesse Centro do País Basco, lhe disse que alguns países árabes estavam reativando essas aldeias para realizar casamentos. Haviam adotado a arquitetura de palácios medievais para dar novo sabor a ritos islâmicos negligenciados pelas novas gerações. A noiva continuava vestindo *caftan*, os três *steikh* ou testemunhas dizem suras, o noivo entrega o dote ou *mehur*, e já há vários oficiantes da cerimônia do *nikah* inscritos nos registros civis espanhóis e do país árabe de origem autorizados a fazer a saudação e as bênçãos. A cenografia medieval se modifica com elementos copiados de mesquitas que os muçulmanos deixaram na Andaluzia.

— E os noivos espanhóis não sentem interesse em se casar aqui?

— Muito poucos. Não tanto pelas diferenças culturais, mas pela queda de casamentos religiosos na Espanha: no início deste século, setenta e cinco por cento dos casamentos passavam pelo altar; para a minha geração, os que agora temos entre quarenta e cinquenta anos, o sacramento para a vida toda não é o casamento, e sim a hipoteca.

Dois dias depois, ao chegar à aldeia vizinha, conviveu com pedreiros, jornalistas russos e turistas. Notava-se que a vida não estava regida pelo ritmo do plantio, das colheitas e das migrações das aves, e sim pelos calendários de férias dos países dos quais vinham os visitantes. Algumas festas bascas continuavam sendo celebradas, embora as datas tenham sido deslocadas para aproximá-las do Ramadã e dos novos dias de comemoração fixados por países árabes. O lirismo romântico ocidental da purificação pelo retorno à natureza havia sido substituído por cantos a tradições iranianas e cerimônias fúnebres que ele ainda não entendia.

Sentiu desejo de falar com algum funcionário espanhol de turismo, ou talvez de segurança, para perguntar se não temiam que a chegada de tantos árabes com seus programas de férias próprios incluísse cursos agressivos de doutrinação. Não haviam confiado demais, depois da destruição do Estado Islâmico? Esse Estado continua existindo na web, sabe-se que por ali circulam vídeos que ensinam a cometer atentados, e agora os estrangeiros que promovem o turismo estão instalando internet nos vilarejos vazios onde até as igrejas ficaram abandonadas e os poucos velhos só podiam assistir à missa pela televisão.

Nunca havia imaginado, da China, onde os investimentos de estrangeiros deviam ser aprovados pelos Ministérios do Comércio e de Inteligência Política, que em países ocidentais fosse tão fácil reconverter aldeias medievais em centros turísticos para visitantes distantes. Algumas atividades, nas que se usavam roupas, video games e equipes bélicas de alta defesa, seriam apenas para lazer?

Fora dos museus e das aldeias museificadas, a publicidade e os logos das lojas surpreendiam. Passeava pelo parque, à noite, com um publicitário que também estava fazendo uma residência no castelo. Comentou com ele:

— Em Bilbao e em Madri vejo que as lojas atendidas por espanhóis costumam se anunciar como *market*, mas as lojas chinesas são chamadas de *bazar*.

— Boa observação. A Academia da Publicidade acaba de fazer um estudo onde se mostra que no ano 2000 poucas lojas usavam o inglês e agora são maioria.

— E como explicam isso?

— As marcas espanholas usam o inglês para se mostrar globais. O inglês dá prestígio, faz com que os consumidores se sintam menos provincianos. É aspiracional (ou disse respiracional?).

— Às vezes, há frases completas em inglês, na publicidade na televisão ou na internet — disse o arqueólogo —, e me parece que a maioria dos espanhóis não fala inglês.

— Entender é o de menos. O que importa é a emoção que provoca, se é misterioso e não está totalmente claro se conecta melhor com os desejos. Claro, tudo tem limite: os anúncios de detergentes estão em castelhano, porque são usados pelas migrantes e elas decidem que marca comprar. Quase todo o resto é decidido pelos jovens e adultos que foram a escolas bilíngues ou aprenderam inglês quando viajaram pela Europa com o programa Erasmus.

— Então, que meus compatriotas usem a palavra bazar — respondeu o arqueólogo — talvez diga que queiram se mostrar inseridos na língua dos espanhóis.

— Algo assim.

# DIÁRIO DE CAMPO, 4

Sempre acreditamos que há algo manso e final nos entardeceres do domingo. Temia que a solidão neste castelo acentuasse isso. Mas como nos finais de semana é mais fácil encontrar Elena e os amigos na tela, falei longamente com ela, com Jiang, que agora vive em São Paulo, e com Mario, que se entediava nesta semana de trabalho temporário em Viena.

Com eles, nos colocamos em dia, comentando as últimas partidas de futebol da Copa Mediterrânea e o triunfo discutível do Barça, que agora joga nesse circuito desde que a Catalunha ficou independente da Espanha e foi excluído de seu torneio nacional. Me pediram que lhes contasse detalhes sobre a arabização do País Basco, e os dois se espantaram de que a resistência nacionalista espanhola se mantivesse no sul da Alhambra e nas mesquitas. Gostamos desses paradoxos. Vê-los com ironia é como tomar distância das estupidezes históricas. Perguntei ao Mario como havia sido a reunião com o Comitê Diretivo da Agência Internacional da Energia Atômica, porque na conversa anterior ele estava inseguro de como o avaliariam. Não sabia como alentá-lo e lhe enviei algumas cartas nas quais Cortázar zombava de seu tempo como tradutor ali.

— Foi excelente, a reunião do Conselho não aconteceu.

Também falei com Jiang sobre a minha surpresa ao conferir arquivos da imprensa e da televisão na Argentina e no México e ver que, até 2021, os cientistas sociais escreviam colunas semanais em jornais e tinham programas de opinião no *prime time* na televisão. Depois os partidos cederam a departamentos de marketing das empresas a gestão do que já ninguém mais chamava de esfera pública.

— No Brasil, esse papel dos intelectuais também se esgotou — afirmou Jiang. — Resta algo de sua expressividade em canções herdeiras da bossa nova e em manifestações estudantis. Os universitários agora se formam para trabalhar em corporações, e uns poucos organizam pequenas e médias empresas que projetam roupas ou serviços digitais. As carreiras que crescem são as de tecnologia aplicada, inglês, árabe e línguas asiáticas, ou desenvolvimento cognitivo.

"Restam indícios do que houve — acrescentou — apenas em universidades católicas, cursos de Ética publicitária e Filantropia. Os segredos do saber passaram das universidades aos conselhos de gestão empresarial de países do Norte. Israel e os países árabes participam um pouco dos avanços de conhecimentos sobre tecnologia bélica, petróleo e investimentos imobiliários. Não tem sentido imaginar que influenciaremos o mundo a partir de São Paulo ou Buenos Aires."

Ele não tinha se iludido como eu. Já não se mostrava inseguro como nos dois primeiros anos no Brasil. Tinha projetos, colocava seu afeto ali e nos novos amigos. Gostava de ensinar e escrever. Como em outra conversa, disse: "Mudar o mudável". Esse desapego de Jiang me fez sentir como que "autorizado" para não ligar para o meu pai.

Contei para Elena sobre a minha visita ao Museu do Prado. Não foi fácil nos falarmos, durante várias horas, porque estava numa praia e a comunicação se cortava. Essas complicações — já tinha acontecido comigo — se ampliam pela incerteza que sinto na nossa relação. Seu rosto vem, se parece, areia sem figuras, soar inútil, como pedras invisíveis sob a indiferença das ondas.

Elena me falou da sua descoberta ao dar conferências em várias cidades argentinas: grupos de jovens empreendedores ou criativos, editores que publicavam em papel ou na rede, DJ's, hackers. Você tem que ver como transitam de uma disciplina a outra para conseguir empregos. Todos os patrimônios culturais estão disponíveis para eles: embora tenham estudado na universidade, sabem que todos os trabalhos são precários. Não se sentem donos de nenhuma herança. Incomodam-se com o uso de seus dados pelas corporações, bloqueiam a publicidade, mas se indignam sem perder tempo em utopias. Desfrutam trabalhando e caçando novidades em muitas fontes enquanto escutam músicas de hoje e algumas que nós também gostamos.

— E sabe do que eu me lembrei? — me disse Elena. — Dos grafites que você me contou do México. Em Rosario, também vi vários assinados por *Sures*. Agora não me lembro de nenhum, mas tinham o aspecto de frases tiradas de manifestos artísticos ou poéticos. Ah, sim: um deles dizia: "Quanto mais sabemos, menos entendemos, e é melhor". Perguntei aos estudantes e disseram que tinham visto, mas não conheciam quem os escrevia. Dizem que há vários grupos. Alguns assinam *Povo indígena não contactado*.

Contei-lhe o que Jiang havia dito, e ela me disse que na Argentina também reorientaram vários cursos com destinos empresariais, mas as universidades públicas que o tentavam haviam vivido, nas últimas semanas, protestos que fizeram os reitores caírem.

Ouvi-a com entusiasmo. Disse-lhe que escutá-la aumentava meu desejo de abraçá-la em Ezeiza e levá-la comigo para uma viagem que não fosse de pesquisa: queria caminhar com ela pela Bahia. Desejava me deixar levar por Elena, que a conhecia, e também o norte argentino, onde, me contava, grupos de jovens afiançavam a economia colaborativa, que não consistia só em compartilhar música e vídeos, mas em trabalhar juntos de maneira independente.

Não me animei a lhe confiar que a China fazia parte desse lugar incerto onde a imaginava, sem ter que me ausentar em tantos voos, longe de cordiais aeromoças que oferecem jornais de um país no qual já não estamos.

Não quero continuar escutando a cada mês como usar o equipamento para respirar em casos de emergência até que a fantasia de um acidente se dissolva nesse amável ritual.

Algo disso eu lhe disse, fantasiamos as próximas semanas nas quais voltaríamos a estar próximos. Nossa conversa, quando deixou de ser interrompida, continuou percorrendo ao longo da noite, como nunca havíamos feito.

É por ela, por sua voz, que a manhã começa.

# FALEI DEMAIS?

Quando ia do aeroporto para sua casa, chegou à sua rede uma mensagem da embaixada chinesa para que se apresentasse naquela tarde. Deixou a bagagem, comeu uns raviólis no restaurante da esquina, pegou o passaporte para ver se aproveitava para renová-lo, e foi se encontrar com o adido militar. Nem bem chegou, foi recebido pelo adido cultural, que lhe perguntou como havia sido na Espanha. Ainda o espantava que estivessem a par de tudo o que fazia.

A secretária abriu duas portas de metal e os deixou com um homem alto, uniformizado, que ele nunca havia visto.

— Que tal se sentiu no Centro de Pesquisas do País Basco? — perguntou o militar.

— Bem, obrigado. É magnífica a arrumação desse castelo, muito confortável, e os arquivos sobre museus e literaturas ocidentais são de primeiro nível.

— Chamei-o por algo relacionado com esses temas. Estamos construindo uma extensão submarina da base militar que abrimos em Djibuti em 2017. Sabe onde fica?

— Sim, no Chifre da África.

— Será uma base de inteligência sobre pirataria. Não podemos continuar tolerando o que ocorre há anos no Golfo de Áden e na costa da Somália. Mas também queremos oferecer um serviço turístico, instalando um museu, a cento e quarenta metros de profundidade, no qual as coleções de arte americana serão importantes. Gostaríamos que o senhor se encarregasse dessa seção.

Estranhou que não soubessem que, por razões de saúde, não podia estar mais do que alguns minutos submerso no mar. Disse isso a eles. Para parecer amável, explicou que o projeto lhe parecia estrategicamente chave. Ofereceu dar assessoria à pessoa que designassem.

— Temos vários candidatos para dirigir o museu. Há dois que o senhor conhece: um é Jiang: como sabe, agora mora no Brasil, e a outra é a filha de Lu Zhangsen, que aprendeu museologia quando seus pais dirigiram o Museu Nacional em Beijing. Qual lhe parece melhor?

— Os dois são muito competentes.

— Mas o senhor, quem escolheria?

— Talvez Jiang esteja capacitado por seu conhecimento da cultura brasileira e pela força que esse país ganhou em várias regiões da África.

— E quanto a seus méritos pessoais, ou inconvenientes para esse cargo, o que pode me dizer?

Sentiu um cruel incômodo e, ao mesmo tempo, sabia que era inútil se negar a fornecer dados. Optou por contar detalhes banais sobre como haviam se tornado amigos, inclusive a conversa que haviam tido dois domingos antes sobre as ciências sociais no Brasil, com certeza a conheciam. Pensou que havia sido aberto demais ao manifestar sua decepção com o encerramento dos debates políticos na televisão, mas já era tarde.

O diálogo durou um pouco mais. Saiu tão alterado pelo que tivera que dizer sobre Jiang que se esqueceu da renovação do passaporte.

Quis voltar para sua casa caminhando, embora estivesse longe. Subir em qualquer meio de transporte, fosse um ônibus repleto ou um táxi, o faria sentir como se mergulhasse em Buenos Aires, também parte desse mar interminável.

# MONOTONIA DO MAL

Ao abrir a porta, Elena e o arqueólogo tinham as feições alteradas. Clara viu na mesa da sala as garrafas de uísque, vinho e muitos petiscos para receber os amigos, ou seja, acabava de acontecer alguma coisa que transtornava o plano daquela noite.

— O Joaquín ligou agora há pouco e disse que lhe falaram pela rede, ouviu o choro de seu filho e lhe indicaram em que banco devia ir buscar dinheiro e onde o apanhariam. Me ofereci — acrescentou o arqueólogo — para acompanhá-lo ou me aproximar desse lugar e ver o que acontecia. Não quis me dar o endereço. Estava aterrorizado.

— Eu sei onde ele mora — disse Clara. — Há dois bancos muito perto. Vamos em dois grupos vigiar cada um e ver se será preciso pedir ajuda policial.

Nesse momento, Martín chegou, explicaram-lhe o plano e Elena se pôs a escrever um aviso — "Voltamos logo" — para que o vissem na porta aqueles que iam chegar.

O telefone tocou. Joaquín disse que, quando se aproximava do banco, conseguiu se comunicar com Mariana, a mãe de seu filho, e estavam bem. De qualquer forma, queria vê-los e depois viria.

— Achava que isso não acontecia mais — comentou o arqueólogo. — Um amigo, Pedro, me contou no México histórias idênticas de vinte ou trinta anos atrás, e que na sua casa aconteceu duas vezes. Uma vez a empregada atendeu, a fizeram escutar o choro de uma criança e mandaram que entregasse dinheiro. Ela perguntou qual de seus filhos era. Como responderam "o mais velho" e ela tinha dois filhos, mulher a mais velha e homem o mais novo, desligou e ficou tranquila.

— Aqui também houve essa epidemia, faz tempo — disse Elena —, mas foi tão repetido e com situações tão ridículas como essa que você está contando, que os acossadores foram abandonando as extorsões telefônicas.

— Eu ouvi duas histórias recentes — acrescentou Clara. — Talvez estejam voltando. Também aconteceu com a minha sobrinha de doze anos, a quem fizeram escutar o choro do "seu filho".

Sentaram-se. Elena perguntou o que queriam tomar e todos, menos o arqueólogo, escolheram o Malbec.

Foram somando relatos de ameaças falsas e verdadeiras. Comentaram as poucas variações do engenho dos delinquentes.

Clara disse que nada a atemorizava tanto quanto a tática dos extorsionários de ligar aparentemente por engano e gravar certas palavras:

— *Sim, de acordo, muito bem*. Tenho um amigo que depois lhe falaram de uma empresa fantasma e um advogado exigiu dele o pagamento de uma dívida: quando ele se negou, puseram sua voz pré-gravada, com a edição do áudio em que supostamente aprovava o empréstimo. E já não importou que não tivesse assinado nada, até que depois de umas semanas trocou o número do telefone.

Joaquín chegou, relaxado, cansado e triste. Contou como o foram guiando pela rede, da sua casa até o banco — ou seja, sabiam onde morava —, e a demora em descobrir o engano porque haviam bloqueado o telefone do seu filho.

— Ou seja, os extorsionários talvez trabalhem na empresa de comunicações. Qual o seu servidor? — perguntou o arqueólogo.

— Broadcom.

— Acaba de se associar aos herdeiros de Murdoch — disse Elena. — Vocês se lembram do que eu contei naquele congresso sobre os fabricantes de armas que compravam editoras e jornais? Agora, os mesmos investidores bélicos são provedores de dispositivos de espionagem para máfias e empresas. Quando a rede nos acorda pela manhã, liga a cafeteira e programa o navegador do carro para que procure as rotas mais rápidas, alguns chegam à mesma informação e escolhem a quem assaltar ou extorquir.

Continuaram contando histórias para se acompanharem. O próprio Joaquín narrou o diálogo de um professor mexicano de literatura a quem falaram, pela segunda vez, da porta de sua casa, descrevendo-a, e ele lhes respondeu: "Ah, seus filhos da mãe, acreditam que são os primeiros que ferro...", e um longo parágrafo em linguagem carcerária misturando essas frases com o título do romance de Kenzaburo Oé, que estava lendo nesse momento, *Dinos, como sobreviver à nossa loucura*. Deixou-os tão confusos que desligaram e não insistiram.

— Como sabia dizer tão rápido essas frases plebeias? — perguntou o arqueólogo.

— Aprendeu de cabeça ao ensinar, numa aula, o romance de Élmer Mendoza.

Pouco a pouco, a conversa foi deslizando para o objetivo de Elena para aquela noite: que seu namorado contasse a experiência no castelo basco e falasse de Goya com Clara, que havia escrito uma comparação entre esse artista espanhol e León Ferrari.

Concordaram que a contemporaneidade de Goya residia em haver sido sensível à Ilustração e seus massacres, ao sem sentido da guerra, vendo-a a partir dos ilustrados e do povo. Muito poucas gravuras mostram combates e nenhum heroísmo.

Clara disse:

— Me atrai pela coragem e pela atualidade de seus desenhos. Seus protagonistas são as vítimas (dos dois lados da luta), mas tampouco idealiza os fracos: sofrem violações e torturas, e também se dedicam à pilhagem, lincham inimigos e se apropriam da roupa dos mortos. Por isso, fala-se de Goya como precursor das interpretações mais complexas do Holocausto, dos debates sobre a ação estadunidense que originaram as fotos de Abu Ghraib, no Iraque, também em outros países muçulmanos e, claro, as ditaduras latino-americanas.

— E como você o relaciona com León Ferrari?

— Em vários pontos. Goya refez a iconografia bíblica, tirando a justificativa religiosa do sofrimento, e limpou a pintura cristã da idealização dos mártires e dos estigmas aos castigados. Para ele não há oposição moral entre bons e maus, entre juízes, verdugos e espectadores que assistem com prazer à execução ou à humilhação de um homem. Tampouco diferencia entre tempos de guerra e de paz. Uma cena dos *Desastres* se intitula "Tão bárbara a segurança como o delito". Representou como a guerra e a exploração cotidiana vão erodindo a ordem social de todos a longo prazo.

Clara fez uma pausa para pegar um petisco. Elena acrescentou:

— Ferrari também usou textos bíblicos e obras visuais de Michelangelo, Giotto, Brueghel nas quais se exaltava o inferno para fazer montagens, unindo-as com fotos de Hitler e de campos de extermínio argentinos.

— Sim — continuou Clara. — Misturou imagens cruéis de violência do século XX com virgens e santos de plástico, *made in China*, daqueles que abastecem, a partir de mercados de rua, a religiosidade popular. Deu o título de *A bondosa crueldade* a um de seus escritos dedicados a exibir como a história entrelaçou o inferno cristão, "essa ideia meio nazi", dizia, e os centros de suplícios. Escreveu duas cartas ao papa para pedir que tramitasse "a anulação do Juízo Final" e "estenda ao além o repúdio à tortura proclamado no catecismo".

Clara continuou explicando que Ferrari subvertia as relações entre arte e representação ao fazer *collages* com as multidões fervorosas ante Hitler e os infernos consagrados em igrejas. Zombava de toda opressão — militar, religiosa, na moral diária — junto com as imagens que a sublimam. Reconheceu que é mais eloquente em Ferrari o deboche estético e político: soube, como poucos, exibir os dados humorísticos e sinistros do sublime.

— É fantástico — disse o arqueólogo, enquanto percorriam as páginas do catálogo de uma exposição de Ferrari. — Mas me chama a atenção que esse amontoado de políticos, cristos, baratas, flores, bispos, serpentes, esteja integrado numa ordem, contida em quadros ou caixas ordenadas.

— Talvez — comentou Joaquín — sejam os dois movimentos em que a arte se adianta ao real: exaspera com mais liberdade as transgressões e as articula numa ordem que, na vida, não conseguimos.

Elena trouxe outra surpresa: um artista argentino, Lolo Amengual, supondo que Goya continuava vivo no século XXI, escreveu-lhe, durante anos, cartas acompanhadas de desenhos que reimaginam alguns dos *Caprichos* do aragonês. A dama encapuzada com mantilha que pede a uma velha com bengala para transmitir sua mensagem amorosa — *Chitón*[6] — se transforma em outra que "de seu laptop,

[6] "Silêncio!" (N. T.)

gerencia" seu site *webhot*, com conexão clandestina com um hotel, e se chama Chat. A ironia de Goya aos médicos, *De que mal morrerá?*, em que um burro atende a um doente, transforma-se numa cena de consultório onde um esqueleto mostra para o médico uma radiografia de pulmão; o título de Amengual extrema a exigência ilustrada de muitas obras de Goya, deslocando o conselho dos vidros de medicamentos: *Em caso de médico, consulte sua dúvida*. A textura e o tratamento das imagens, parecidos no traço áspero às gravuras do artista espanhol, acentuam a continuidade inquietante com aqueles desenhos.

— Gosto — disse Clara — que nem Goya nem Ferrari sejam populistas. Não sei se você viu, no que está estudando, quantos buscam uma saída em movimentos sociais imaginando algum setor da sociedade incontaminado.

— Sim, embora se chame de populismo tantos movimentos distintos...

— Você tem razão — respondeu Clara. — Não sei como podemos diferenciar os racistas dos que sentem saudade da democracia e acreditam que somar mobilizações dos ofendidos mudará a paisagem.

A filha mais velha de Elena se levantou e se aproximou da mãe. A menor, de três anos, quando ouviu sua irmã também quis se juntar. Elena tentou levá-las novamente para dormir, mas elas resistiam e lhes disse que só meia hora. A companhia delas suavizou o tom da noite, embora houvesse algo estranho nessa convivência do diálogo de adultos e a inquietude feliz de Vero, a menor, que subia nos móveis, de repente ficava numa poltrona olhando as plantas do terraço, os jogos de luz sobre os galhos ou as figuras que uma lâmpada que mexia fazia na parede, arriscadamente vigiada por sua irmã. O arqueólogo era o que mais a olhava, e ela sabia.

— Não se preocupe, mamãe — disse Emília, com a autoridade de seus sete anos —, eu cuido dela.

— Conta pra gente o que você viu na Espanha — Martín pediu para o arqueólogo.

— Acontece a mesma coisa. Antes os jornais e agora os hackers revelam as trapaças de políticos e empresários, mas o que fazer com a indignação social? Uma parte se dilui em espetáculos midiáticos e outra na agitação de pessoas que só interrompem ruas e estradas.

— Eu não seria tão duro — interrompeu Joaquín. — É claro que extorsões como a que me fizeram hoje se tornaram, para muitos, um recurso para sobreviver. Mas também vemos que a autogestão social renova a vida nos bairros, alguns serviços abandonados.

— É o que eu encontrei trabalhando com jovens criativos — disse Elena, enquanto não deixava de vigiar a autogestão de suas filhas. — Ninguém espera nada dos partidos e suspeitam de líderes que repetem "dar voz ao povo" ou "recuperar a soberania". Me iludi um tempo, como eles, com a economia criativa, mas a concorrência faz com que muitas empresinhas quebrem depois de um ou dois anos.

— Algo assim me contaram alguns editores independentes que se sustentam prestando serviços de Big Data e geolocalização. A cada minuto surgem empreendedores mais espertos e baixam os pagamentos por serviços, embora sejam de menor qualidade. Finalmente, ficam impotentes diante dessas concentrações de poder. Ninguém mais sonha com tomar o poder. O que se precisaria seria tomar a sociedade?

— Soa um pouco autoritário — respondeu Clara. — Além disso, quem vai tomá-la?

A pergunta ficou flutuando como uma mensagem errática no Twitter.

— As máquinas corporativas funcionam como se essas perguntas não importassem — disse Elena, enquanto voltava a encher as taças de vinho.

Clara interveio:

— Desde que eu era criança tudo nos atomiza, nos dispersa. As pessoas criam redes na internet diante das catástrofes, se reúnem por causas e às vezes só por acontecimentos que, dias depois, são substituídos por outros. Quando eu disse isso numa aula, na semana passada, um aluno contou que, num artigo de dez anos atrás, havia lido essa mesma ideia num autor que encontrava esses traços em jovens impossíveis de reunir no mesmo pacote: as tribos separadas por diferentes músicas, os estudantes junto àqueles obrigados a trabalhar desde os oito anos, os milhares de sicários e os jovens empregados na outra precariedade, a empresarial. São táticas distintas para subsistir, conseguir o que querem.

— Quais são? — perguntou Martín. — Meu filho, Nicolás, estudou design e gastronomia, vive oscilando entre trabalhos nas duas áreas e em nenhum dura mais de dois meses. O negócio fecha ou encontram outra pessoa a quem pagar menos.

— Eu vejo — disse Elena — que estão conseguindo modos de se comunicar e de se organizar (pelo menos alguns) diferentes das indústrias culturais. Mas nada permite imaginar que suas fugazes comunidades possam ser somadas num ator capaz de enfrentar a Grande Máquina. Isso dura mais do que seus festivais de dois dias. Salvo quando se agrupam para defender o que têm ou acreditam que está ameaçado: uma região, um bairro histórico que querem gentrificar ou para reagir diante dos maus-tratos às mulheres. Talvez as associações pelos direitos humanos sejam as mais sólidas.

O arqueólogo disse:

— Um historiador argentino que morou aqui, na Alemanha e em Israel me dizia que Hitler agora está na sociedade, porque não há caudilhos duráveis nos Estados Unidos nem gerentes vitalícios nas empresas. Ninguém conduz. A precariedade paralegal e a crueldade se esparramam na vida cotidiana, como a desenhava Goya. Na China, persistem laços comunitários. Embora não se proclamem como resistência, o são. Às vezes, conseguem conter atropelos ou fazer melhorias parciais. Na China, as mudanças de rumo são decididas nas cúpulas. E, no entanto, nesse mundo que vocês veem como autoritário, há um sentido de consenso. O que vai acontecendo é percebido como um conjunto de correspondências, não de oposições nem de atos individuais. Meu amigo, Wu Hongmiao, especialista em cultura francesa, me disse quando saí da China que uma das maiores diferenças que eu ia encontrar no Ocidente era a necessidade de dizer diretamente sim ou não. O único país ocidental em que você vai encontrar algo parecido, entre os que conheço, é o México, embora não seja exatamente como aqui — disse —, porque ali o difícil é que digam não. Falei disso com meu amigo Fernando, mas ele estranhou que nós, chineses, evitássemos essas opções taxativas. Quando lhe expliquei que poderiam bloquear o sentido porque não pertence a nenhuma pessoa o poder de definir alguma coisa de uma vez por todas, Fernando ficou pensando e me disse que talvez tivesse sido assim ou parecido em outra época do México por causa do envolvente papel da família. Mas agora a sociedade estava desintegrada e a minha comparação o fazia lembrar de quando ele era adolescente e se falava da Família como uma máfia que atuou no centro do país e logo se dividiu em vários cartéis.

Escutavam tudo como que esperando algo mais. Mas o arqueólogo mudou o curso da conversa, ou foi isso que lhes pareceu:

— Deixa eu dizer para vocês uma coisa de que estou me dando conta agora. Nem no México, nem na Espanha eu tenho essa sensação que me dá na Argentina, de que as pessoas falam o tempo todo de política para dizer por que são apolíticas. Entre alguns militantes, sinto, como dizia um escritor chileno, Zambra acho, que são apolíticos a partir do ceticismo, mas vocês me dão a impressão de ser apolíticos a partir da curiosidade.

Joaquín se levantou para se servir de uísque, e quando passou perto do arqueólogo, lhe apertou o braço, comovido.

Clara, enquanto isso, abria sua rede:

— Agora que você mencionou o Zambra, me lembrei de um e-mail de uma antropóloga chilena que me escreveu uns dias atrás. Espera, está por aqui... Sim, eu havia mandando para ela uma entrevista de um deputado independente argentino, quando perguntam a ele se as redes sociais realmente ativam a participação, ele responde que a barateiam e facilitam falar com os vizinhos sobre problemas da água ou da segurança. O jornalista pergunta: "Além de likes e marchas, os jovens têm outra alternativa?". "Claro!", respondeu o deputado, que tem sobrenome japonês. "De cara, participando das instituições. As decisões dos nossos próximos cinquenta anos de vida hoje estão sendo tomadas por pessoas que não viverão mais do que vinte anos. Numa universidade, perguntei quem tem Previdência Social, e ninguém levantou a mão; perguntei quem hoje pode pagar uma casa, e a mesma coisa... o que fica claro é que a promessa que fizeram aos nossos pais, de que quando saíssem da universidade teriam estabilidade, já não serve para a nossa geração."

"Minha amiga chilena me respondeu que esse olhar 'é quase uma anomalia geracional'. Escutem: 'Talvez eu esteja passando por um período desesperançado pelos problemas com meus estudantes. Tenho uma quantidade de certificados médicos por depressão que já indica uma epidemia. Não toleram nenhum tipo de frustração, estão tristes, angustiados, irritados'. E comenta: 'Se a minha geração (só quinze anos mais velha) se afastou dos partidos, eles estão ensimesmados em sua desmotivação. Os partidos e os governos brincam que a política existe, mas essa história acabou'."

— Como pensar que não são políticas — replicou Joaquín — as manifestações pelos desaparecidos, contra os feminicídios? O que me pergunto cada vez que vou a essas marchas é como passar do duelo a intervenções, a mudanças políticas, se ainda os chamamos assim. Vamos às marchas só para nos acompanhar afetivamente?

— Boa pergunta — respondeu Clara, que havia apoiado um candidato de esquerda até que descobriram que seus pactos duradouros eram com empresários e um cartel. — No fim das contas, fico com a sensação de que as marchas que você chama de duelo, Joaquín, e a sátira dos humoristas nos jornais e nas redes estão entre as poucas maneiras de se fazer política com dignidade.

— Você volta logo para a Espanha? — Joaquín perguntou ao arqueólogo.

— Viajo na próxima semana, para um congresso.

— Quando voltar, vamos nos reunir na minha casa, e você conta pra gente.

Desceram, acompanhados por Elena e o arqueólogo. Sem dizer, cada um se lembrou de como a noite havia começado, então saíram para a rua sigilosos, feito espiões. Olharam as árvores, os carros sem habitantes, não havia notícias de última hora. Despediram-se, abraçando-se como se tentassem se apoiar.

# NEMTUDOCHEIRAMALNADINAMARCA

— Oi, meu amigo, que surpresa boa! — disse o arqueólogo ao encontrar, no Congresso de Madri, o historiador que dirige a Fundação Barenboim-Said.

— Que prazer voltar a te ver! Faz tempo que não venho a essas aglomerações acadêmicas e perdi o traquejo para saber que mesas escolher entre as cento e vinte de cada dia. Para piorar, nesses hotéis da periferia... Vamos caminhar de tarde pela cidade.

Subiram no trem de longa distância e desceram em Atocha. Comeram umas *tapas* na praça Santa Ana e seguiram até Lavapiés, enquanto falavam de seus países e das experiências do arqueólogo na Argentina e na Espanha. O arqueólogo lhe contou sua descoberta de Goya e Ferrari.

— Como vão as orquestras?

— Bem, muito bem, embora não seja fácil em Israel ou onde haja comunidades judias fortes, como na Argentina ou em Nova York, tocar no mesmo concerto as obras de um compositor israelense e de Wagner. Menos ainda ir além do estritamente musical e trabalhar com os conflitos entre culturas cada vez mais confrontadas pela deterioração econômica. Como dizia o meu pai: "O medo da paz é maior que o medo da guerra".

— E como você está, no seu trabalho de turismo cultural? O seu escritório continua no edifício daquela empresa mineradora?

— Não. O turismo, como você deve saber, está caindo na Argentina. Já não damos concertos como parte do programa de visitas aos vinhedos e às Festas da Água, que eram feitas para defender a qualidade da água dos degelos, contaminada pelo arsênico e pelo sulfato das minas de cobre. Os cartéis lutaram com tanta violência para se apoderar desse negócio que essas festas foram suspensas. A empresa mineradora que apoiava nossa fundação deixou todos seus lugares de extração na cordilheira e agora se dedica às finanças.

— Mas continua em Buenos Aires?

— Muito reduzida. Conseguiu instalar uma escola de negócios no velho edifício do Cabildo.

— Passei por ali e vi que estava sendo reformado. Apareci na obra e me chamou a atenção ver pedreiros chineses e brasileiros. Conversei com um arqueólogo chinês que dirigia a escavação, mas não quis me contar nada.

— Não só pedreiros e arqueólogos. Os bancos de crédito chineses fazem seminários internacionais em inglês e mandarim. Tiraram as vitrines onde estavam os documentos da independência argentina, encarregaram a equipe do *Financial Times* de digitalizar os mapas do tráfico de ouro na colônia e no século XIX entre a América e a Europa. Com isso, fizeram um vídeo que junta as crises de 1929 e 2008. Deixaram as madeiras e os ferros nobres, os lustres e as luminárias gigantes. Ali temos um pequeno escritório, com a condição de que nossa orquestra toque nas festas de graduação dos alunos da escola de negócios.

— Você continua pensando que Hitler está agora na sociedade ou acha que deveríamos usar outras imagens para explicar o que mudou?

— Não encontro outras. Por nenhum lado vejo forças políticas para outra interpretação. O que reencarna daquele pesadelo de um século atrás não é só a aniquilação do diferente ou o que incomoda a uma elite, mas uma trama de operações para desqualificar a democracia ou negar a dignidade de todos os humanos. A consequência é que se perde confiança naquilo que quando você e eu estudávamos se chamava espaço público e poder cidadão.

— Na China, não eram chamados assim, ou o que se parecia com isso não tinha o sentido que lhe deram no Ocidente. Mas sei que agora se aproximam mais dos nossos países.

— A propósito, você foi a um painel do congresso sobre as bases sociais das máfias?

— Não. De que falaram?

— Teriam te interessado as coincidências de antropólogos italianos, mexicanos, brasileiros e de países asiáticos. As histórias se pareciam. Mudavam os nomes dos grupos, mas cada vez mais gente diz a mesma coisa: esse cartel nos apoia, dá trabalho, ajuda se ficamos doentes. "Para alguns de nós, pedem que dediquemos umas horas a cada dia para vigiar o bairro e contemos para eles, mas como a polícia não faz isso, confiando nos chefes nós nos sentimos mais protegidos."

"Um palestrante resumiu assim: os partidos se transformaram em organizações criminosas e quase ninguém espera soluções democráticas. A oposição ao fascismo se enfraqueceu ou subsiste em marchas de indignação passageira e em séries televisivas. Sobretudo, as séries dinamarquesas, que desde a época de Borgen são as únicas onde os políticos acusados de corrupção renunciam. Mas já não são tão críveis."

— Uma sensação semelhante — respondeu o arqueólogo — me deixam as fotos e os vídeos que venho estudando: mais que vocabulários para se comunicar, parecem documentos sobre como se tornou difícil falar. Embora eu me ocupe de um período próximo (o início deste século), tudo tem o aspecto de algo encontrado em quintais nos fundos das casas que não sabemos quem habitou. Como relíquias que já não correspondem a nenhuma religião e objetos mal-acabados. Não sei se ao abranger tantas geringonças culturais, econômicas e políticas (acreditando que tudo está relacionado) me perco entre materiais para os quais não me preparei.

— Não acho. Vários antropólogos defenderam as virtudes de uma indignação rotatória entre diferentes temas. Mesmo os melhores músicos sabem que a orquestração não é fácil. — Passou o braço pelo ombro dele. — Será que as mudanças na sua ideia do que significa ser arqueólogo te fazem temer como vão te receber quando voltar para a China?

— Não só isso. É a sensação de descobrir algo mais do que o que aconteceu no passado. Como se meu trabalho fosse registrar o que poderia ter sido e não foi.

Barenboim lhe falou de seus filhos, um músico, e a filha, uma empreendedora com dificuldades, mas feliz com o que faz. Sua cara se iluminou.

— Gostaria que você a conhecesse: Sarah é artista visual, entusiasmada com a arte chinesa. Outro dia, quando um jornalista a entrevistava e lhe disse que ela era excepcional, respondeu que não lhe importava a ideia do indivíduo criador e preferia a história artística chinesa, na qual quase não há autorretratos.

Enquanto iam caminhando pelas ruas de Lavapiés, encontraram uma mistura de casas populares e lojas de design, onde Barenboim parou para comprar um presente para sua mulher.

Às vezes custava circular entre turistas asiáticos e estadunidenses que paravam para fotografar as fachadas das primeiras editoras-livrarias de *download* gratuito, como *Traficantes de sonhos*, ou os bares que anunciavam em placas de bronze, junto a suas portas: "Aqui se reunia a direção do Podemos". Faziam isso com o mesmo fervor apurado com que registravam, em suas redes sociotécnicas, *As meninas*, *Guernica* ou a última casa onde viveram Isabel Preysler e Vargas Llosa, que ele projetou.

# MODOS DE FICAR

Na viagem de volta a Buenos Aires, o arqueólogo lembrou das conversas com Clara. Desfrutava-as e, ao mesmo tempo, algo lhe confirmava um prazer diferente com Elena. Custava-lhe estar de todo com ela porque seus velhos afetos se mobilizavam quando falava com amigos que continuavam na China. O que buscava em Elena, além do outro lado da ausência? Relia seu diário e sentia que ainda não escrevia o lugar ao qual acabaria pertencendo.

>A promessa e o costume
>luz e vento
>precipício de folhas
>outras que crescem e se abrem
>O que as reúne?

Como aquela noite em que saiu, pela primeira vez, para jantar com Elena, quando se aproximou da cadeira, descobriu que ia em direção a ela, e sentiu que isso, como outras coisas que aconteceram depois, tinham algo de boas-vindas. Uma luz diferente, o simples resplendor de estar juntos.

"Me ajuda — escreveu — que a Elena quase sempre se sinta um pouco estrangeira em seu país. Outro dia ela se divertiu que a tratasse de aborígene. Adoro quando diz isso com aquele sorriso inteligente, um pouco enigmático, cálido e desafiador.

"'Não tolero a angústia de duvidar sozinha', Elena me disse quando, na semana passada, deixei filtrar minhas dúvidas sobre ficar ou voltar para Xangai. 'Que bom que você está dizendo isso. Não posso me imaginar voltando e que tudo isso fique num jogo de cartas. Tem dias em que não sei o que fazer com a nossa convivência, mas seria mais difícil saber o que fazer com a nossa distância. Sobretudo, não quero voltar para uma relação como aquela com Zhao, em que se tinha que ficar adivinhando, essa dura disciplina das precauções.'

"Sei que com Elena é diferente porque os jogos de poder não fazem parte da nossa relação. A vida de casal necessita, talvez, do mistério. Mas se afirma quando deixa o outro entrar no mistério, compartilhá-lo. Senão, é só segredo assediante, como ameaça. Me dá medo que as minhas dúvidas te deixem de fora, Elena. Já faz mais de um ano que estou em Buenos Aires e não quero continuar chegando a você de longe. Já aprendi nas minhas viagens o que é lutar com as imagens sonâmbulas de nós dois.

"Como te dizer que quero continuar parindo o casal? Parir. Partir.

"Casal

       "perece

             "produz

                    "parece

                            "perdida

                                 "perdura."

# DIÁRIO DE CAMPO, 5

Nas noites em que me custa dormir é como se os exercícios de ioga e as técnicas respiratórias Ching não me servissem no Ocidente. Não vejo que a insônia se explique como prolongamento das tensões do dia, nem pela ansiedade ou pela concorrência profissional. Tampouco me vêm imagens nostálgicas do meu país, dos amigos que escrevem com menos frequência.

A noite é o lugar da saudade, não do que deixei e sim do que se esmoreceu no deslocamento. Corredores noturnos, zonas tênues nas quais as palavras não alcançam o que significam. A chave do futuro estará nos resíduos? E se a arqueologia, que estou abandonando, fosse decisiva para continuar? As louças que ficaram sem rituais, pirâmides de logaritmos, suas fendas, altares onde já não se dançará pelos sacrifícios, baías desaparecidas por inundações, janelas abertas a pedras ainda sem sol? Escavar no que começa.

Sinto Buenos Aires ou o México não como cidades diferentes das minhas, mas diferentes a si mesmas. Pouco importa, quando por fim me vêm as palavras em espanhol, que as pronuncie com um sotaque que delata ter aprendido tarde a língua; é como se cedessem seu sentido a outro. Nem sequer há, como em Ipanema, o mar para dar ritmo ao que não se nomeia.

Por fim a garoa cai sobre a rua como uma frágil constância de que alguma coisa acontece. Ouço um carro apressado e imagino que salpica lama num homem ou numa mulher, como acontecia na porta do meu prédio em Xangai. Não chega à lembrança, é um piscar do passado.

Parece que agora algumas palavras pedem para se reunir: paraíso, pomba, relógio. Na penumbra da memória, emerge o humor distante de um escritor mexicano.

> A pomba deve sair para investigar se a chuva parou,
> o relógio deve ficar para marcar o tempo que a pomba
> empregará em nunca retornar
> E o Paraíso Perdido entre a pomba e o relógio transfigura-se
> (acho que Becerra dizia isso)
> no lenço colorido com que o mago,
> uma vez terminado seu número, assoará o nariz.

# PER-VERSÕES

Chegou ao apartamento de Elena com a intenção de convidá-la para um restaurante italiano que havia descoberto na semana anterior, perto da Biblioteca Nacional. Duvidava um pouco de voltar à região da Recoleta porque havia passado o dia na biblioteca, mas era mais forte o desejo de compartilhar esses sabores com ela, deitar cedo, estirar-se junto a seu corpo, voltar ao rito de dois meses atrás quando guardou um pouco de vinho do jantar e começou a amá-la, deixando-o cair lentamente sobre o ventre e as pernas dela para bebê-lo dali.

Ela estava com sua rede aberta e o chamou com voz de urgência.

— Olha o que estão anunciando para amanhã em Xangai.

Na tela, estava o programa de um colóquio sobre relações entre Argentina e China ao qual havia decidido não ir. Viu uma mesa sobre espetáculos e turismo na cultura urbana do Rio da Prata, na qual um sociólogo argentino com segundo sobrenome chinês analisaria o comércio ambulante e os debates sobre a informalidade em Buenos Aires. Prometia falar sobre a degradação dos bairros quando os shoppings fracassavam ante o comércio informal e contrastá-los com a revitalização de Palermo a partir do fechamento do zoológico.

— Vão transmitir em streaming — disse Elena.

— A que horas?

— Às seis da tarde. Você vai ter que se levantar às cinco da manhã.

Ele a envolveu com o braço e lhe disse que não, que já estava desfrutando o jantar para o qual ia convidá-la.

— Melhor a gente deitar cedo e você madrugar para escutar o que esse dr. Ramírez Chong vai dizer. Você publicou alguma coisa da sua pesquisa?

— Nada. Quero ouvi-lo, mas o resumo que tem aqui me faz suspeitar de onde ele tirou.

Prepararam uma massa italiana com molho chinês que já haviam experimentado. Reuniram os relatos do dia em olhares, beijos e o Malbec sobre os corpos. Já meio adormecido, o arqueólogo pôs o despertador às 4h45.

Às cinco em ponto ligou a rede, procurou a página da Universidade de Xangai e encontrou a transmissão. Quase todos falavam em madarim e havia legendas em inglês. Primeiro escutou um colega que conhecia e estudava o uso da música de *candombe*[7] nos sites de venda informal em Montevidéu. Nada novo.

Finalmente Ramírez Chong apareceu. Depois de três minutos, o arqueólogo teve certeza de que havia lido seu relatório de pesquisa ao Conselho de Pesquisas Chinês, que, claro, não citava. Depois, mencionou a interpretação sobre os efeitos da gentrificação de Palermo, que, segundo disse, "alguns bolsistas chineses em Buenos Aires" às vezes distorciam, seguindo as críticas de partidos de oposição à renovação

---

[7] Candombe é um ritmo proveniente da África, centrado nos atabaques e fortemente enraizado na cultura uruguaia nos últimos duzentos anos. Remonta à época colonial, e surgiu da mistura dos ritmos africanos levados ao Rio da Prata pelos escravos. Em 2009, foi reconhecido pela ONU como Patrimônio Oral e Intelectual da Humanidade. (N. T.)

imobiliária. Percebeu que conhecia aquele livro que lhe enviaram para o hotel no México sobre a ordem clandestina, quando disse que aqueles que questionavam o emprego informal e as alianças de empresários legais e "indocumentados" não entendiam que o mundo atual era imprevisível e para governá-lo se necessitava do manejo tático de coisas e pessoas. Tampouco mencionou aquele autor (Derwey, se chamava?), mas invertia seus relatos da cumplicidade entre Estado e criminosos ao dizer que resolviam emergências e restabeleciam a confiança social.

Deteve-se no zoológico. Afirmou que a reconversão dos terrenos para refazê-lo como ecoparque interativo havia se tornado um modelo para outros no mundo. "Foram necessários mais de cem anos para que as primeiras críticas dos defensores de animais levassem as autoridades a se perguntar que sentido tinha que ursos-polares, lobos-marinhos e antílopes africanos estivessem em cativeiro sob o calor, o barulho e o estresse de uma das metrópoles mais povoadas. Não foi fácil a transformação. Como treinar as aves enjauladas para que ganhassem seu sustento?"

A parte mais curiosa foi quando disse que passaria dos direitos dos animais para os direitos das crianças, que iam estranhar esse passeio. Contou que os animais foram substituídos por imagens virtuais em 3-D e holografias, com explicações que enriqueceram o valor educativo e ambiental da experiência.

Elena havia acordado com curiosidade. O arqueólogo rodeou seu quadril, levou-a a se sentar perto dele e lhe pediu que abrisse sua rede.

— Por favor, dá um google em Ramírez Chong.

Enquanto isso, o palestrante de Xangai passava do discurso científico-pedagógico a um relato de conversa: que "mudança interna" o levou a deixar de consumir produtos de origem animal. "A partir dessa iluminação, senti que deveríamos ganhar a batalha cultural do zoológico."

— Aqui está — exclamou Elena, enquanto na sua tela aparecia um homem um pouco mais jovem do que o que falava em Xangai.

"Formado na Faculdade de Veterinária da Universidade de Buenos Aires e no zoológico de Palermo, nessa cidade, durante os anos do governo militar (1976-1983) trabalhou como assessor de empresas exportadoras de peles finas para a China, onde reside desde 2002. Também foi consultor de algumas agências de turismo e safáris. Em 2014, foi processado no México por tráfico de animais silvestres nascidos no zoológico de Chapultepec, mas foi absolvido".

— Você percebe, amore, ele usa, sem citar, dados do meu relatório de pesquisa, silencia o tráfico de animais que houve antes e depois do fechamento do zoológico, não diz nada do comércio ilegal que os *homeless* fazem com os animais fugidos ou abandonados. No fim das contas, quem vai notar? Outra vez: causas nobres confundidas com jogadas ilegais.

— E isso está no colóquio de uma universidade tecnológica de ponta. Ao mesmo tempo, por sorte temos o streaming.

— É verdade, isso me permitiu ver que tinha certa insegurança no que dizia, embora fale muito bem o mandarim. Talvez algum dia discutamos sobre Palermo, ele falando como chinês e eu como argentino. Seria muito estranho.

— E se você descansasse um tempo do rigor científico e fizesse um romance... A história como a que o Barenboim te contou é mais saborosa do que a do Chong.

— E o que fazer com as outras histórias, Elena? Continuo acreditando que o romance requer alinhavar. O trabalho arqueológico é um modo de conectar o passado com o presente que mais ou menos se engenha para armar um sentido com conceitos. Quando se faz num país e numa língua diferentes, onde as coisas e os significados se desencaixam, essa tarefa é ainda mais dura e se agrava o que nessa profissão há de luta com a melancolia. Me enche a paciência fazer isso nesses países malucos, descobrindo que a desordem se aproxima da minha. Sei que há romances feitos sem trama, escritos como Aira quando foi ao México e concebeu um não relato imaginando os tesouros nacionais, naturais e artísticos, que haviam perdido seu sentido, em forma de marcadores de livros (lá os chamam de separadores), como algo que se pode interromper e retomar. Vou pensar nessa ideia. Não vou te azucrinar mais. Você é um encanto por ter se levantado para me acompanhar. Vou preparar o café da manhã. Sem carne, não é?

To: arqueol@alibaba.com.ch
From: elenat@gmail.com.ar
Subject: em casa


Te escrevo, embora estejamos na mesma cidade, para te contar o que acontece comigo na maior parte do tempo. Se eu te ligar, você vai me dizer por onde você anda. Escrevendo, posso te dizer o que me custa imaginar por onde você estará ou o que está fazendo tantas vezes em que penso em você. Que você tenha se formado na China é o de menos para essa sensação de que com frequência você se sinta desconhecido e imprevisível.

Gosto quando você me conta do seu ap. em Palermo, mas não me basta ter dormido várias noites ali, abraçada, para saber como você é agora hoje, ontem terça-feira ou na quinta-feira passada. Você sabe que nós dois valorizamos a independência de cada um, e é quase doce sentir sua falta sem ter claros os detalhes. No entanto, desfruto algo único quando estamos juntos, contamos um para o outro o que sentimos ao conhecer as notícias da rede ou da vida. Acontece muito mais do que cada um diz a si mesmo.

Me faz bem que as coisas não estejam plenas em seu lugar. Mas me sentiria melhor se você não mencionasse as suas dúvidas.

É muito o que gosto de você.

E.

To: elenat@gmail.com.ar
From: arqueol@alibaba.com.ch
Subject: em casa

Sim, amor, no fim das contas gostamos de escrever e ler e, portanto, as cartas que podem ser relidas. É verdade que existem telefones nos quais tocando a tela se grava uma mensagem e depois podemos escutá-la novamente. Há um tremor diferente, menos ansioso nas letras, pelo menos acontece comigo. É outra ternura.

Não gostaria que se misturassem a incertidão (ou se diz incerteza?) dos nossos passos juntos com a saudade que sinto do meu país e o fato de me sentir descolocado quando lembro das escavações da corrupção que me afastaram da China e os descalabros tão parecidos que encontro aqui. Não é a mesma coisa, mas os descalabros do lado de fora e as dúvidas do lado de dentro se conectam.

Às vezes vou no carro te dizendo o que passa pela minha cabeça quando vejo buenos aires, a cidade sem maiúsculas. Não preciso tanto que você me explique como escutar o seu ser que vibra nesses lugares.

São tantos os modos de te desejar. Você tem razão de que as piores indecisões são as não ditas. Sempre me custa mais falar das minhas do que das que me irritam neste mundo transtornado. Mas não são pouca coisa as diferenças: que não haja entre nós subornos nem congestionamentos nem aldeias abandonadas. Quero aproximar o que sinto do que você lembra ou imagina de mim.

É meia-noite, mas se fosse mais cedo eu me atirava na sua casa para pôr vinho na sua taça e celebrar o que vem acontecendo com a gente. Talvez tenha que te dizer com mais clareza que você é a grande razão para que eu não tenha vontade de me mudar.

Só é possível nas cartas: este beijo dura cada vez que for relido.

A.

# AGRADECIMENTOS

*Os comentários a versões iniciais desta ficção que recebi de Marcelo Cohen, Verónica Gerber, Daniel Goldin, Miguel Ángel Hernández, Diego Rabasa e Graciela Speranza me ajudaram, como narrador emergente, a buscar um relato daquilo que ainda não acontece. Dada a tentativa de combinar ferramentas literárias e das ciências sociais, sem ser plenamente romance, e obedecendo em parte o que obriga, no ensaio, a coerência e os dados, Marcelo e Graciela me sugeriram advertir o leitor, chamando-o de "Uma ficção especulativa". Preferi dizer* antropológica, *embora praticantes estritos dessa disciplina possam pensar que é outra pista falsa. Não importa: coincido com o protagonista daquele conto de Borges, o maior transgressor de gêneros — se chama "O etnógrafo" —, que quis "sonhar num idioma que não era o de seus pais".*

*A dedicatória a Ana é por seu acompanhamento cálido, crítico e inteligente desta exploração e de todas as outras em que custa entender se a história vivida tem argumento, como escolher cenários e achar personagens críveis.*

AFIRMAR OS DIREITOS CULTURAIS | Comentários à Declaração de Friburgo
*Patrice Meyer Bisch e Mylène Bidault*

ARTE E MERCADO
*Xavier Greffe*

A CULTURA PELA CIDADE
*Teixeira Coelho (Org.)*

CULTURA E ECONOMIA
*Paul Tolila*

CULTURA E EDUCAÇÃO
*Teixeira Coelho*

CULTURA E ESTADO | A política cultural na França 1955-2005
*Geneviève Gentil e Philippe Poirrier*

A CULTURA E SEU CONTRÁRIO
*Teixeira Coelho*

COM O CÉREBRO NA MÃO | No século que gosta de si mesmo
*Teixeira Coelho*

A ECONOMIA ARTISTICAMENTE CRIATIVA | Arte, mercado, sociedade
*Xavier Greffe*

eCULTURA, A UTOPIA FINAL | Inteligencia artificial e humanidades
*Teixeira Coelho*

IDENTIDADE E VIOLÊNCIA | A ilusão do destino
*Amartya Sen*

LEITORES, ESPECTADORES E INTERNAUTAS
*Néstor García Canclini*

O LUGAR DO PÚBLICO | Sobre o uso de estudos e pesquisas pelos museus
*Jacqueline Eidelman, Mélanie Roustan, Bernardette Goldstein*

A MÁQUINA PAROU | *E. M. Forster*
*seguido de* PAISAGEM COM RISCO EXISTENCIAL | *Teixeira Coelho*

MEDO AO PEQUENO NÚMERO | Ensaio sobre a geografia da raiva
*Arjun Appadurai*

AS METRÓPOLES REGIONAIS E A CULTURA | O caso francês 1945-2000
*Frannnoise Taliano - Des Garets*

A REPÚBLICA DOS BONS SENTIMENTOS
*Michel Maffesoli*

SATURAÇÃO
*Michel Maffesoli*

A SINGULARIDADE ESTÁ PRÓXIMA | Quando os humanos transcendem a biologia
*Ray Kurzweil*

CADASTRO
**ILUMI//URAS**

Para receber informações sobre nossos lançamentos e promoções, envie e-mail para:

cadastro@iluminuras.com.br

Este livro foi composto em *The serif* e *The Mix* pela *Iluminuras* e terminou de ser impresso em 2020 nas oficinas da *Paym Gráfica*, em São Bernando do Campo, SP, sobre papel off-white 80g.